核 心 素 养 阅 读

金 帆／主 编

森林报·春

SENLINBAO CHUN

[苏] 比安基／著

李旭东／译

四川人民出版社

图书在版编目（CIP）数据

森林报. 春 / （苏）比安基著；李旭东译. —成都：四川人民出版社, 2019.7（2021.10重印）
（核心素养阅读·统编《语文》推荐阅读丛书 / 金帆主编）
ISBN 978-7-220-11425-0

Ⅰ.①森… Ⅱ.①比… ②李… Ⅲ.①森林—少儿读物 Ⅳ.①S7-49

中国版本图书馆 CIP 数据核字（2019）第 106838 号

核心素养阅读·统编《语文》推荐阅读丛书
金　帆 / 主　编

SENLINBAO CHUN
森林报·春
［苏］比安基 / 著　李旭东 / 译

出 版 人	黄立新
策划组稿	张明辉
责任编辑	王卓熙
技术设计	李子奇
封面设计	牧云堂工作室
责任印制	李　剑
出版发行	四川人民出版社（成都市槐树街 2 号）
网　　址	http://www.scpph.com
E-mail	scrmcbs@sina.com
新浪微博	@ 四川人民出版社
微信公众号	四川人民出版社
发行部业务电话	（028）86259624　86259453
防盗版举报电话	（028）86259624
印　　刷	四川机投印务有限公司
成品尺寸	168mm × 237mm
印　　张	13
字　　数	210 千
版　　次	2019 年 7 月第 1 版
印　　次	2021 年 10 月第 2 次印刷
书　　号	ISBN 978-7-220-11425-0-01
定　　价	28.90 元

■ 版权所有·侵权必究

本书若出现印装质量问题，请与我社发行部联系调换
电话：（028）86259453

在读书上，数量并不列于首要，重要的是书的品质与所引起的思索的程度。人生漫漫，变化无常，我们往往不能决定自己遇到什么样的人，也不能决定自己这一辈子走什么样的路。然而，幸运的是，我们可以决定读什么样的书，读多少书。

目前，有一个词在国家自上而下的大力推广下，成了社会热词，这个词就是"全民阅读"。"全民阅读"是一件很好的事情，有国家的提倡，更容易在社会上引起阅读的潮流，弘扬传统文化，接收世界文明，塑造国民性格，提升国民素质。作为中小学生，更应该养成读书的习惯，因为青少年时期是一个人价值观、世界观和个人性格形成的关键时期，而阅读对人生正确的价值观的确立起着至关重要的作用。甚至可以这样说，一个人的阅读史就是其价值观的形成史，阅读的内容与方式在一定程度上决定了其价值观的内容与形成过程。在青少年的成长过程中，他们的阅读数量与质量影响了其成长的方向与速度。

当今社会，电子产品带来的快节奏娱乐已经让人们的心灵变得异常浮躁，他们很难静下心来，去慢慢阅读一本书，细品一首诗、一篇散文、一部小说……因而不能体会文字之美、阅读之乐。久而久之，读书成了一件很遥远的事情，而孩子的心得不到书籍的滋润，也将慢慢成为文化沙漠。这对一个国家、一个人来说，是多么遗憾、多么危险的事情啊！

正因为如此，我国教育部为中小学生量身定制了一套新课标推荐阅读书目，把一些世界经典名著列入其中，在考试中加以考查。现在，有了国家对阅读的大力提倡，顺应“全民阅读”的潮流，加上学校和家长对孩子们的引导，我们相信孩子们会拿起书，喜欢上阅读，渐渐得到读书带来的快乐。

而且，有了推荐书目的指导，我们就有了阅读的方向和大致的范围，面对浩如烟海的书籍，我们就不会感到无从选择。

但是，阅读也是一门学问。怎么阅读一本书呢？读一本书的时候，我们应该注意什么、抓住什么、体会什么？只有掌握了一定的阅读方法，我们才能从《小巴掌童话》里体会纯真与美善，从《钢铁是怎样炼成的》里感受顽强与坚毅，从《城南旧事》里领略北平的风土人情，从《老人与海》里学习永不放弃的精神……

所以，我们策划出版了这套丛书，教学生学习阅读的方法，掌握阅读的技巧，解开阅读的奥秘，从而提高阅读成绩，品尝阅读的快乐，得到生命的滋养。为此，我们做了以下策划：

一 制定“名师导读方案”和“名著阅读导航”，帮助学生详细深入理解、体会作品

为了帮助读者快速了解每一部名著的阅读要点，我们聘请教育专家和作家团队，根据中小学生的阅读特点，制定了一整套阅读方案，包括对名著主题、形象塑造、语言风格、艺术特色、作家生平、写作背景、作品评价、名

著情节、人物关系、重点章节的总结与归纳等，可以让中小学生迅速把握一本名著的阅读要点，懂得怎么深入理解名著，提高阅读能力与欣赏水平。

二 名师撰写点评与赏析，帮助学生把握解析要点，体会名著之美

名著不同于一般的作品，它的文字往往更具美感，更有深意。为了帮助学生更好地理解、体会与学习，我们特别邀请了一线著名语文教师，根据学生的需要和他们的阅读特点与水平，在文中和文末撰写赏析文字，这里有对精彩语言的赏析，有对人物形象的解读，也有对作品思想与主题的挖掘，可以帮助学生全面体会名著之美。

三 设置“考试真题回放”和“阅读达标训练”，帮助学生提高考试成绩

为了适应教育部对中小学生关于阅读世界经典名著的考查，我们特意设置了“考试真题回放”“阅读达标训练”两个栏目。“考试真题回放”可以帮助中小学生了解、熟悉考题范围和类型，从而更好地备考。“阅读达标训练”中的训练题，题型丰富，贴近真题，可以巩固学习成效。相信这二者的结合，可以提高学生的考试成绩！

四 组织多方面专家，全力为中小学生打造完美的世界名著阅读丛书

在丛书的编写过程中，我们特别邀请了著名作家、中小学一线著名语文教师，从文学和教学的角度对本套丛书进行整体策划、栏目撰写、严格审定，希望把本套丛书打造成中小学生新课标课外阅读读物的首选读本，让中小学生从这里出发，拿起名著，阅读名著，爱上名著，体会名著的语言之美、人物之美、思想之美，从而提高阅读成绩！

读书是一个人值得用一辈子去做的事情，书籍是沙漠中的一抹浓绿，是山间的一缕清风，是夜空的一轮明月……它滋润我们干涸的心田，吹走内心无名的焦灼，照亮暗夜里前行的道路……拿起名著，热爱读书，从这套丛书开始吧！相信你会收获人生的华枝春满、天心月圆！

目录

名师导读方案

名著阅读导航

森林报　载歌载舞月（春天第三月）

打靶场答案　“锐眼”称号竞赛答案及解析

名师导读方案

著名作家+著名老师＝联合导读

名著阅读六大要点

一、理解关键词语的含义和作用
二、积累好词好句好段
三、了解作品的主要内容和主题
四、把握人物形象的特点
五、感受语言的优美
六、有自己的体会和看法

一 理解关键词语的含义和作用

我们在阅读文学名著时，往往会遇到一些难以理解的词语，这样的词语阻碍我们读懂某一句话或某一段话的意思。所以，我们必须正确理解词语的含义，而理解词语不能仅仅局限在表面意思上，还要认真体会它们在文中所起的作用。

1 联系上下文理解关键词句的含义

我们在阅读时会遇到一些生词，这时我们可以结合词语所在语句的意思来理解它的含义。有时仅理解词语的本义是不够的，作者为了表达某一种意思，而赋予一些词以特殊的含义，这时我们可以通过联系上下文的具体内容来理解这些关键词句的含义。

比如 在《第一批报春的花》中写道：“在

森林的边缘，小溪的水潺潺地流着，沟渠里的水已经漫到边沿上。在那褐色的春水上，横卧在水面的榛子树枝上还没有一片嫩叶，但第一批春花已经傲然绽放了。”这里的“傲然”不是我们平时所理解的“骄傲的样子”，而是写春花“怒放的样子”。

❷ 联系上下文体会关键词语的作用

了解了关键词语的含义，我们还要联系文章的具体内容，仔细体会关键词语所表达的作用。一些关键词语既可以表达人物的感情、心情，又可以展示人物的性格特点。

比如 “雪是被凝固的水。积雪融化后，雪水再也不想受到束缚，肆意地想从田里逃到更舒畅的低洼处。”这里的“肆意”一词，将春天来了之后，雪水到处流淌的样子形象地表现了出来，给读者以鲜明的视觉感受。

二 积累好词好句好段

我们在阅读文学作品时，会读到很多优美的词句、精彩的语段，这时我们就需要认真体会，多读、多记、多积累，然后灵活使用。这样，以后我们就不怕写作文啦。

❶ 好词

文学作品就是一个百宝箱，它里面有生动形象的动词、丰富细腻的形容词、准确传神的拟声词，还有很多精练简洁的成语等，这些都值得我们好好学习。

比如 睡眼惺忪　婆娑
无暇顾及　姿态优美
生机盎然　逃之夭夭

② 好句

文学作品中还有很多优美的句子，有描写人物外貌的，有描写美丽风光的，还有描写精彩对话的。这些句子描写准确，并运用了比喻、拟人、排比等修辞手法，都是值得我们积累的好句子。

比如 “它伸开四肢，飘在空中，像是风中的树叶一样。它轻轻地左右摇摆着，靠着丑陋的短尾巴控制着方向，越过了空地，飘落到远处的一根树枝上。”

③ 好段

精彩的段落描写在文学作品中也很常见，有的巧用修辞，展现妙趣横生的情节；有的用优美的语言描写景物；等等。我们平时应该注意积累和学习，这对我们写作文会有很大的帮助。

比如 “一棵棵白胡子老战士威严地挺立着。它们都很高大，每棵老云杉都有两根甚至三根电线杆子那么高，抬起头来都很难看到它们的树冠。整个云杉王国都笼罩着一种阴郁的气氛，每一个成员都悄无声息。”

三 了解作品的主要内容和主题

文学作品反映了特定时期的历史和社会内容，展现了丰富多彩的社会生活。我们阅读文学作品时，要注意把握作品的主要内容和主题。

① 了解文学作品展现的主要内容

阅读文学作品时，扫清了字词的障碍后，我们就可以从整体上把握文学作品的主要内容了。只有抓住了文学作品的主要内容，我们才能更准确地了解作者的思路，提高分析、概括和认识能力。

在《森林报·春》中，作者用动人的笔触，向读者展现了一个和人类社会一样，充满了各种逸闻趣事的动植物世界。在这个世界中，我们可以欣赏到优美的音乐，可以感受到沙漠的勃勃生机，可以听到刺激的狩猎故事，更可以学到许许多多生活中很难学到的科学知识。大自然的无穷生机和乐趣，在这里得到了充分展示。

② 了解文学作品所表达的主题

作者写一部文学作品总有他的目的，当我们能够把握住文学作品的主要内容，体会文学作品的故事情节时，我们就可以深入感受作者的思想情感了。阅读文学作品时，我们把作者在作品中阐明的道理、主张，流露的思想感情概括起来，就准确地把握了作品的中心思想，也就能更深刻地理解作品的主题了。

在《森林报·春》中，作者向我们展示了丰富多彩的世界。虽然同在春天，但是由于地域广阔，各地的气候存在很大的差异，森林中各种生物的生活习性也有很大的不同。但是无论怎么不一样，在春天的森林里，我们都能感受到充满蓬勃生机的生命萌动。

四 把握人物形象的特点

在文学作品中，我们会发现各式各样的人物形象，有的可爱，有的勇敢，有的懦弱，等等。在阅读文学作品时，我们要注意把握人物形象最突出的特点，抓住某一人物与其他人物不同的性格特点，这样才能更好地理解文学作品。

比如 “浓雾像墙壁一样横亘在它们面前，变换着诡异的阵形，让它们找不

到东南西北。它们只能左冲右突，却不知道前方是什么。是尖利的峭石，是人类的陷阱，还是敌人的守候？它们一无所知。它们只知道两个字——回家！”候鸟们面对着重重艰难险阻，却无所畏惧地同各种困难做斗争，表现出它们性格的坚忍与对回家愿望的执着。

五 感受语言的优美

好的文学作品经常运用优美的语言讲述生动的故事，表达强烈的情感。我们在欣赏文学作品的语言时，要注意文学作品所运用的各种修辞手法，通过对这些修辞手法的鉴赏来提高我们的语言水平，并将借鉴到的语言特点更好地运用在我们的写作中。

比如 “美丽的顶冰花沐浴着暖和的阳光，笑开了花。它的快乐情绪感染了旁边的紫堇，于是，紫堇也羞涩地绽开了花蕾。”这句话运用拟人的修辞手法，生动地描写了春天里的顶冰花在阳光下开放的样子。

六 有自己的体会和看法

文学作品问世之后会拥有各种各样的读者。因为每个读者的经历、知识和看待问题的角度不同，所以，每个读者对作品的体会也是不一样的。我们在阅读文学作品时要有自己的体会，这样才能有收获。

比如 读《水上运输》这一节：小松鼠突然遇到一只大狗，本来可以逃到树上躲避敌人，但是周围却没有一棵树。于是，小松鼠机警地向河边跑去，跳

上了水中的原木。傻乎乎的大狗也跟着跳上去，结果掉到了水里，再也没能出来。这个故事让我们看到了松鼠的聪明，也给我们深刻的启发：我们遇到某些事情时，需择己之长、避己之短，才能让事情朝对自己有利的方向发展。

名著阅读导航

一 基础知识

⊙ 作者简介

维塔里·瓦连季诺维奇·比安基（1894—1959），苏联著名的儿童科普作家和儿童文学家，被称为“发现森林的第一人”“森林哑语翻译者”。

1894年，比安基出生在一个养着许多飞禽走兽的家庭里。他父亲是著名的自然科学家。在这样一个科学氛围浓厚的家庭中，比安基从小就热爱大自然，对大自然的奥秘产生了浓厚的兴趣。他跟随父亲上山去打猎，跟家人到郊外、乡村或海边去居住。在那里，父亲教会他认识山中的鸟类和野兽，熟悉它们的习性，教会他怎样观察和记录大自然的一切。升入大学后，比安基在彼得堡大学学习自然专业，在科学考察、旅行、狩猎中与护林员、老猎人交往，理论与实践相结合，积累了大量关于动植物的资料，这为他以后的写作提供了丰富的素材。比安基的作品除了《森林报》以外，还有作品集《森林中的真事和传说》《中短篇小说集》《短篇小说和童话集》等。

⊙ 写作背景

比安基从小就学会了观察大自然，积累了对大自然的印象。大自然中的每一棵草、每一朵花、每一个小动物都成了他生命中不可或缺的一部分。这让他养成了仔细观察的习惯，也开拓了他的视野，培养了他对大自然的兴趣，使他深深地爱上了大自然。

在比安基27岁时，记录大自然的日记就已经有厚厚的一大摞了。神奇的大自然打动了他，也让他有了一个梦想，那就是一定要让这些美丽、神奇、伟大的动物和植物永远活在他的文字里，让全世界的人都能认识、了解这个奇妙的世界，爱上大自然。于是他决心要用艺术的语言，将大自然的神奇、美丽讲给所有热爱大自然的人们听。

1923年，比安基成为彼得堡学龄前教育师范学院儿童作家组成员，开始在杂志《麻雀》上发表作品，从此一发而不可收拾，森林的样貌被逐一展示在世人面前，这就是比安基进行科普创造的初期。1924年—1925年，比安基主持《新鲁滨孙》杂志，在该杂志开辟了属于森林报道的专栏，这就是《森林报》的前身。1927年，《森林报》一书问世，成为比安基正式走上文学创作道路的标志，也成了他的代表作。该书出版后至1959年再版9次，每次都会增加一些新内容，深受青少年朋友的喜爱。

⊙ 作品主题

《森林报》自出版以来就受到读者的热烈欢迎，在世界各地连续再版，被称为"大自然颂诗"。在书中，作者以风趣轻快的笔调，层次清晰地将森林里发生的故事展示给读者，让读者看到除了人类社会，自然界还有另外一个生物的社会。它们和人类社会一样，既有愉快的节日，也会发生残酷的争斗。在这个世界里每一个生命都像我们一样，在不同的时间段，承载着不同的生命体验。这如同给读者打开了一个窗口，引导读者去观察大自然，研究自然的奥秘，看到生命的纯洁与美好，并在此基础上思索人生的真谛。

⊙ 情节简介

《森林报·春》是《森林报》的第一部，时间跨度从3月21日到6月20日，按月划分为"冬眠初醒月""候鸟回乡月""载歌载舞月"三章。在"冬眠初醒月"中，主要表现冬去春来，万物复苏的景象。兔子、小鸟开始生宝宝，第一批迎春花开放，从城市到农庄，到处弥漫着春天的气息。到了第二个月，候鸟开始大批返乡，森林中春水漫溢，新生的小动物也开始四处活动。到了春天的第三个月，森林里就更热闹了，此时阳光明媚，冰雪消融，森林里到处是歌舞升平的景象。每一只动物都想展现自己的勇敢和力量，为繁育下一代而忙碌

起来。

⊙ 动物卡片

伶鼬——伶鼬身体细长，四肢短，耳朵亦小，夏季时背部呈褐色或咖啡色，腹部呈白色，冬季全身毛为白色。伶鼬通常单个活动，白天外出觅食，行动迅速、敏捷，一年换毛两次，以小动物为食。

阎甲——阎甲通体漆黑，身体圆圆的，比豌豆大一点，有6只脚，背上有一双黑色的硬翅膀，硬翅膀下面有一对黄色的软翅膀，以粪便和腐烂的植物为生。阎甲胆小，一旦遇到危险，先是把爪子往肚皮底下一藏，再把头和触须一缩，确定无危险后才会把脚、头和触须伸出来。阎甲种类繁多，除了黑色的还有其他颜色的，其中有一种长着细毛的阎甲，它的身体是黄色的，是蚂蚁的好朋友，总是住在蚂蚁窝里。

山鹑——山鹑主要以草本植物和灌木的嫩枝、嫩叶、芽、花、果实、种子等植物性食物为食。狼、狐狸、鹞鹰、猫头鹰、白鼬、伶鼬都是它的天敌。冬天，白雪皑皑时，山鹑穿着白色外套，不容易被天敌发现。春天来临，山鹑就会换上褐色和红褐色带黑条纹的外套，这样，它们在黑色的大地上活动时，就不太容易暴露自己了。

格陵兰海豹——北冰洋的格陵兰海豹可是大名鼎鼎的。小海豹刚产下来时毛茸茸的、白白的，眼睛和鼻子都是黑黑的。它们还不会游泳，要先在冰面上训练很长时间，才可以下到水里去。黑脸、黑腰的雄海豹会一直躺在冰面上，直到蜕去那身又短又硬的黄毛。

七鳃鳗——别名石吸鳗，眼睛后面和身体的两侧各有7个呼吸孔，也就是7个鳃，所以叫七鳃鳗。它的身体细长，背上和靠近尾巴的地方长着鳍，皮柔软光滑，没有鳞片，嘴是一个由漏斗形的圆洞形成的吸盘。它爱旅游，经常用吸盘吸附在大鱼的身体上，让大鱼带着自己到处免费旅游。

二 鉴赏与品读

⊙ 艺术特色

1．采用报刊的形式

平常的报刊都是刊登关于人的消息，以及人类社会发生的故事。而森林里的那么多的故事，从不会被城市的报纸报道。《森林报》采用报刊的形式，按照春、夏、秋、冬四季12个月，有层次、分类别地报道了森林中的新闻。森林里会有辛勤的劳作、欢快的节日和意想不到的悲剧，也会有勇猛的英雄和蠢笨的强盗……这样的形式让人们读来有种亲近感，更有探知的欲望。

2．比喻、拟人修辞的使用

作者把自己一生观察大自然所积累的知识和经验化成生动活泼的语言，用轻快的笔触描写了大自然的喜怒哀乐，将自然界的悲欢离合表现得淋漓尽致。在严寒的列宁格勒，没有翅膀的小蚊虫从土里探头探脑地出来，光着脚丫在寒风呼啸的雪地里乱窜；秧鸡用自己的双脚穿越整个欧洲；素不相识的兔阿姨给兔宝宝们喂奶……这些比喻、拟人的修辞手法将大自然的动物们描写得那么生动、可爱，不光孩子爱看，成年人读来也趣味盎然。

⊙ 重点篇目

《候鸟归家潮》

4月，冰雪消融的季节！温柔的春风吹拂着大地。越冬的候鸟们潮水般涌回故乡。它们沿袭着几千年、几万年甚至几十万年前祖先留下来的老规矩，排着整齐的队伍，井然有序，一如既往地飞回自己的故乡。

一路上，鸟儿们历经千山万水，经历了人们无法想象的灾难和障碍。厚实的浓雾像墙壁一样横亘在它们的面前；猛烈的风暴在海上无情地折断了飞行家们的翅膀；突然来袭的寒流，让体弱的鸟儿们在饥寒交迫中死去；成千上万的鸟儿们葬身在天敌——雕、鹰、鹞的利爪下；还有大批的鸟死在猎人的枪口下……

每年鸟儿们都会经历这样的磨难，但是它们仍然坚持着自己返乡的信念。

《鱼的语言世界》

在很长一段时间里，我们一直有种错觉，水里的鱼类世界根本就是无声的世界。

直到科学家们发明了水下声音收听装置——“水下窃听器”，人们才知道水下世界并非无声。水下的声音就像我们人类世界一样鲜活生动：嘶哑的“啾啾”声、“嘎吱嘎吱”的尖叫声、听不出名堂的呻吟声和哼唧声……仔细听听，就会发现每种鱼都有自己独特的发声方式。

有了声音的帮助，我们就可以判断珍贵的鱼类会长期在什么地方聚集，又会怎样转移，有什么样的生活习性？当这些问题都迎刃而解，我们便再也不用为找不到这些机灵的家伙们而犯愁了。

《琴鸡交尾剧》

森林里的露天剧场要上演一场精彩的舞台剧。表演的主角是一只雄性琴鸡，这家伙裹了一件黑色的风衣，翅膀上带着白色的条纹。舞台四周的观众是一群雌琴鸡，此刻它们所有的目光都集中到这个主角的身上。男主演环视了一下观众们，开始了自己的表演。它把脖子弯向地面，翘起美丽的大尾巴，翅膀斜着放了下来，接着开始大声地唱起自己的歌词。紧接着舞台另一边就有不服气的雄琴鸡来挑战了。

勇猛的武士们眼睛通红，梗着脖子，竖着尾巴，支棱起双翅，做好了充分的准备，要开始一场全力以赴的战斗，只有胜利者才能得到美女的芳心。舞台四周的美女琴鸡们全神贯注地挑选着自己心仪的勇士。

忽然舞台上正在表演的一老一少两只雄琴鸡倒了下去，剧终“鸡”散，一位猎人走了出来，捡起它们揣到了怀里，便躲躲闪闪地离开了。今天他收获不小，可是也做了两件亏心事：打死了正在交尾的一只雄琴鸡，还打死了交尾场上的男主角！

明天交尾剧就不能演出了，因为没有了主角！

《林中乐队》

森林中的早晨和黄昏是动物们举行音乐会的时间，这时候的歌手不止林中的鸟儿们，其他的动物也不甘寂寞地投入到这场盛大的表演中。它们彼此独立地演奏着各自的曲子，吟唱着自己的歌谣。

这个拉起小提琴，那个敲着小鼓，还有吹笛的，更多的歌手投入到这场演出中，犬吠声、“哞哞”声、“吱吱”声、“嗡嗡”声、“呱呱”声、“嘟嘟”声，不绝于耳。

云雀、夜莺和鸫开始比试歌喉，它们的歌声清脆纯净，让人陶醉。啄木鸟咚咚咚地敲着树干，给它们伴奏。沙锥更是张开自己的尾巴，带着风从空中冲下来，竟然真的用尾巴唱出了歌……

森林里的乐队可真热闹哇！

⊙ 作品评价

《森林报》是一本博物志，寓教于乐。青少年们通过阅读不仅可以从森林里的新闻中得到欢笑，更能增长见闻，丰富知识，对于语文、地理、生物等学科的学习大有裨益。森林里的乐趣无穷多，每个小动物都有自己的生活方式，在一年四季中演绎着别样的“人间烟火”。细细读来，这些小动物很亲近人，似乎就是成天打闹的邻居孩童，亲切可爱。《森林报》自1927年首次出版后，受到广大读者尤其是少年儿童的热烈欢迎，并被译成多国文字，在英国、法国、德国、日本、中国等国家发行。这部经典读物经过不断修订、补充，最终成为科普著作中的传奇。

谨以此文纪念我的父亲
瓦连京·利沃维奇·比安基

告读者

平常报纸上，总是刊登有关人类自己的消息，还有发生在人类身上的事情。可是，孩子们更感兴趣的却是动物世界的故事：飞禽如何生活？昆虫怎样繁衍？

其实，森林里的故事和人类社会里的故事同样多！那里也会有辛勤的劳作、快乐的节日和飞来的横祸，也会有勇敢的英雄和愚蠢的强盗。可是这样的故事很少出现在城市的报纸上，因此，市民也就无从知道这些森林中的故事。

例如，有哪位听说过，在寒冷的冬季，会有没有翅膀的小蚊虫从土里爬出来，光着小脚丫子在雪地中乱跑呢？有哪家报纸报道过森林中的麋鹿打群架、候鸟大迁徙、秧鸡徒步穿越欧洲大陆这些故事呢？

但是，你却可以从《森林报》中读到这些故事。

我们的《森林报》总共12期，正好是每月一期，我们将它们编辑成一本书。每一期的内容都十分丰富，有编辑部的文章、森林通讯员的电报和信件，还有打猎的故事。

那么，哪些人充当了《森林报》的通讯员呢？他们有的是小朋友，有的是科学家，有的是猎人，有的是森林中的工作人员。他们不仅常常到森林中去，还对森林中发生的事情非常感兴趣，经常观察、记录森林中各种各样的逸闻趣事，并将这些记录寄到我们的编辑部。

我们的一个专业记者，曾经专门采访了赫赫有名的猎人塞索伊奇。他们一起去打猎，一起坐在篝火旁休息。塞索伊奇在这个过程中讲述了大量与打猎有关的冒险故事，我们的记者就将这些故事记录下来，寄回了编辑部。

每期《森林报》的后面，都附有一个竞答游戏专栏。我们称它为“打靶场”。读者只要认真阅读每一期报纸，就能很容易地答出栏目中的问题。只要答对了，我们都会给以奖励。我们非常希望读者参与到这个游戏中来，并记录下问题的答案。但有许多问题，比如有关秧鸡的成长，不要忙着给出答案，可以先仔细观察一下秧鸡的生活习惯。

《森林报》是列宁格勒创办的一家地方性报纸，报道的内容基本都发生在列宁格勒。但是，苏联幅员辽阔，当北方还是寒风呼啸、暴雪纷飞的时候，南方已经惠风和畅、草长莺飞了；当东部旭日东升、阳光普照时，西部却是日暮黄昏、炊烟袅袅。所以，《森林报》的读者就有了想法，希望不仅能读到发生在列宁格勒的事情，还能读到发生在其他地方的有趣的事情。为了满足读者这个愿望，我们增设了一个新的专栏：“来自四面八方的无线电”。

另外，我们还为读者朋友们开辟了一个叫“公告”的专栏，来表彰读者中的观察敏锐者。

我们还邀请了著名的生物学博士、植物学家、作家尼娜·米哈依洛芙娜·巴甫洛娃开设专栏，给我们的《森林报》写文章，谈谈那些有趣的植物。

我们希望《森林报》的读者热爱并熟悉祖国的土地，走进大自然，了解祖国大地上的万物，观察研究它们的生活习性。

第九版的《森林报》是经过重新修订的。我们新刊登了“一年12个月的欢乐诗篇”。尼·米·巴甫洛娃的大量作品这次将被充实到“乡村报道”栏目中。此外，我们还刊登了通讯员发来的巨兽搏斗厮杀的消息。同时，应许多爱好钓鱼的读者的要求，我们开辟了“钓钩从不落空”的专栏。

《森林报》的第一位通讯员

在很多年前的列宁格勒，人们会经常在公园里发现一位戴着眼镜、头发花白的老教授。他精神矍（jué）铄，眼睛明亮，双眼闪烁着智慧的光芒。他喜欢倾听每一只小鸟的鸣叫，喜欢观察每一只飞过的蝴蝶或者苍蝇。

我们的市民是不会像他那样仔细地观察春天里出生的每一只小鸟或者蝴蝶的成长的。可是这位老人却不愿意错过，他知道森林里的每一桩新闻。

这位老教授就是德米特利·尼基罗维奇·凯戈罗多夫。他执着地观察我们这座城市及郊区的自然界，这样一干就是半个世纪。春夏秋冬，花开花谢，自然景物尽收眼底。时间、地点、景物、事件，每一个细节，他都记载得清清楚楚。最后，他将这些记载投寄到报纸发表。

在他的感召下，许多青年朋友投入自然界，观察，记录结果，寄给他。一年年过去了，他的这个队伍慢慢地壮大了起来，提供给我们的资料也越来越丰富。

在长达50年的坚持中，这位老人收集了无数观察记录，并把这些资料整理到一起，留给了后人。正是因为有了他多年坚持不懈的努力和认真细致的工作，以及其他无数科学工作者的无私奉献，我们才会知道，什么鸟在春天会飞来，什么鸟在秋天会飞走；才能知道那些花草树木的生长情况。

凯戈罗多夫还给小朋友和成年人写了许多有关鸟类、森林和田野的文章。

他一直有个观点：孩子们要想了解自然，不能只死啃书本，而是应该走进大自然，去观察体验。

不幸的是，1924年2月11日，病魔缠身的凯戈罗多夫教授逝世了，没能等到春天的来临。

我们将永远怀念他。

森林日历

我们的有些读者也许会有个误解：《森林报》上的新闻也不过是仿效城市里的新闻，记载一些陈谷子烂芝麻的事情。事实并非如此。虽然年年有春天，但是年年的春天却是不同的。无论你的生命有多长，我都坚信一点，你一定不会经历两个相同的春天。

一年，就像是一个有着12根辐条的车轮子，12根辐条滚过去，一年也就过去了。当车轮再次翻滚时，已经换了个新的地方，不是原地了。

冬去春来，森林苏醒了。笨笨的熊从洞里爬出来，因为春水不小心灌到了它的洞穴里。鸟飞来了，在林中快乐地唱起歌来。野兽们开始忙着生儿育女了。读者就又会从《森林报》上读到新鲜有趣的新闻了。

我们刊载的森林历，并不像普通的日历一样，但这并不会让大家感到奇怪。毕竟，鸟兽的世界和人类的世界大相径庭，它们也有自己的历法。

太阳在天上转一个大圈，就是它们的一年。太阳每走过黄道中的一个星座，就是黄道的一个宫，便是一个月。当它走过12个星座，一年也就过去了。

森林历中的新年并不在寒冷的冬天，而是在温暖的春天，这正是太阳进入白羊宫的时候。太阳出来的时候，森林中的节日也就开始了。但是送别太阳的时候，也就是森林中的居民忧伤的时候。

关于森林历一年的划分，我们参照人类历法的划分方法，分为12个月。我们只是依照森林中具体的情况，给每一个月起了个不同的名字。

每年的森林历

一月冬眠初醒月（春天第一月）	从3月21日到4月20日
二月候鸟回乡月（春天第二月）	从4月21日到5月20日
三月载歌载舞月（春天第三月）	从5月21日到6月20日
四月忙碌筑巢月（夏天第一月）	从6月21日到7月20日
五月小鸟出生月（夏天第二月）	从7月21日到8月20日
六月成群结队月（夏天第三月）	从8月21日到9月20日
七月候鸟离别月（秋天第一月）	从9月21日到10月20日
八月冬粮储备月（秋天第二月）	从10月21日到11月20日
九月冬鸟做客月（秋天第三月）	从11月21日到12月20日
十月晨霜初白月（冬天第一月）	从12月21日到1月20日
十一月饥饿难忍月（冬天第二月）	从1月21日到2月20日
十二月极度盼春月（冬天第三月）	从2月21日到3月20日

森　林　报

冬眠初醒月（春天第一月）　　从3月21日到4月20日

一年12个月的欢乐诗篇——3月

3月21日，是春分日。在这天，白天和黑夜一样长。你有半天的时间享受温暖的阳光，还有半天时间欣赏美丽的星空。是不是很有诗意的一天哪？其实，这天也是森林中最重要的一天——春天来了。

3月里，太阳公公脱下了厚重的棉大衣，尽情地舒展着身体，放射着柔和的光芒，慈爱地抚摸着大地，【拟人：形象地写出了初春时太阳光的特点：温暖、柔和。】驱散了严冬的寒气。积雪松软了，灰色的雪块一层层地消去，变成了蜂窝的样子。屋檐下垂着的一根根冰柱，亮晶晶的，慢慢融化了的水一滴滴地落到地上，积聚成了一个个小水坑。麻雀高兴起来，欢天喜地地飞到里面扑腾着，恨不得将一冬天的污垢都洗下来。山雀们也着急起来，这样惬（qiè）意的天气怎么能少了它们的歌声呢？于是它们放开了喉咙，银铃般的歌声在空中回荡。【比喻：将山雀们的叫声比喻成“银铃般的歌声”，准确地表现了山雀们叫声清脆、响亮的特点。】

阵阵歌声唤醒了春姑娘，它急急忙忙地开始工作了。当然，第一件事情就是要解放被严冬禁锢的大地母亲。还有小河，也正在冰的覆盖下酣睡呢！森林也要喊一喊了，不然，它的美梦不知要到什么时候才能结束。

依照古老的风俗，在3月21日这天早晨，家家户户都要吃烤熟的“云雀”。不用担心，不是真的要把可爱的小云雀吃掉。其实吃的“小鸟”是用小面包捏成的，用葡萄干当眼睛。这天，人们会打开鸟笼，让笼中的小鸟回到大自然中去，这就是传统的“飞禽节”。孩子们会在树上为这些可爱的小生灵建造各种各样的安乐窝——椋（liáng）鸟窝、山雀窝，也有树洞式的人造窝；还会把树枝交叉捆在一起，方便鸟做巢。这些可爱的有翅膀的小家伙还会得到免费的美食。在学校和俱乐部里，我们还可以听到关于鸟类如何保护我们的森林、田野、果园、菜园等的报告，当然，也会学到如何爱护和保护这些善良、活泼的小生灵的知识。

3月里，母鸡可以在家门口开怀畅饮了。

写一写，练一练

1. 造句。

抚摸——________________

积聚——________________

2. 注音。

驱散（　　）　　污垢（　　）

来自森林的第一份电报

秃鼻乌鸦拉开了春天的帷幕

冰雪初融的大地上，出现了成群的秃鼻乌鸦，它们是这里第一批拉开春天帷幕的森林成员。

原来，它们在我国的南方度过了寒冷的冬天，现在急匆匆地赶回了故乡，因为我国的北方才是它们的老家呀！在漫长的归途中，它们经历了无数的困难，成百上千的同伴死在了暴风雪中，再也不能看到自己的故乡了。能够回到故乡的都是些强壮的成员。此刻，它们回到了家，可以好好休息了。你看，它们正踱着步子，【动词：“踱着”一词生动形象地展示了秃鼻乌鸦回到故乡后悠闲的神态。】用坚硬的嘴巴刨土呢！

天空中的乌云都飘走了，初春的天空如水一般明净，飘荡着朵朵白云。【比喻：用“水”比喻初春的天空，准确地将此时天空明净深远的特点写了出来。】今年第一批小宝宝出生了。麋鹿和狍子都换上了新的犄角。森林

中，金翅雀、山雀和戴菊鸟唱起了欢乐的歌。我们急切地等待着椋鸟和云雀的到来。我们在树根被掘起的云杉树下找到了熊的巢穴。于是我们轮流守候着，只要它一出来，我们就会马上报道。冰层还没有融化，但在它的底下，一股股雪水汇集。森林的树枝上，不时落下水滴，吧嗒吧嗒地响。但是到了夜里，寒气就将雪水重新冻成了冰。

来自我们的森林记者

森林中的大事

雪地里的兔宝宝

当广袤（mào）的原野还覆盖在厚厚的积雪下的时候，兔妈妈就已经早早地产下可爱的兔宝宝了。

兔宝宝一降生，就迫不及待地睁开了眼睛，【**成语：**言简意赅地将兔宝宝生下来后马上就能睁眼的特点写了出来。】好奇地打量起周围的世界。胖嘟嘟的兔宝宝可爱极了，穿着毛茸茸的小皮袄，又暖和又漂亮。它们都很健壮，刚生下来就会跑，饿了才会回到妈妈身边，吃饱了就会躲到灌木丛里或者茅草堆下舒舒服服地躺着，安安静静地做妈妈的乖宝宝。可是兔妈妈却不知道跑到哪里去了。

第一天过去了，兔宝宝没有见到妈妈的影子，它们并不着急，仍然乖乖地躺着。第二天也是如此。其实兔妈妈自己忙着在雪地里蹦跳，早把家里的孩子们抛到九霄云外去了。幸好宝宝们都很乖巧，继续耐心地等着妈妈来给它们喂奶，从不到处乱跑。也多亏了它们没有到处乱跑，外面其实还是有很多危险的：天空中经常盘旋着觅食的老鹰；田野里还有狡猾的狐狸。如果被它们看见，兔宝宝们肯定会被抓去当晚餐。

直到第四天，兔妈妈才从远处跑了回来。兔宝宝兴奋了起来，忙迎了上去，【**动词：**准确地将兔宝宝几天没有见到兔妈妈，突然见到妈妈从远处奔来时，急切又高兴的心情写了出来。】快到跟前了才发现，这不是自己的妈妈，而是一位陌生的阿姨。饥饿的宝宝们顾不上那么多了，拥到“兔妈妈”身边央求起来：“阿姨，阿姨，我们饿了，喂喂我们吧！”阿姨慈祥地看着兔宝宝，

几只可爱的兔宝宝舒舒服服地躺在灌木丛里

微笑着点点头，卧到地上。宝宝们忙钻到阿姨的肚子下面，尽情地吃起奶来。兔阿姨喂饱了它们，就又向远处跑去了，兔宝宝也重新回到灌木丛中躺了下来。其实，它们的妈妈也正在别处忙着喂别家的孩子呢。

原来，兔妈妈们早就约定好了：所有的兔宝宝都那么可爱，管它们是谁生的呢！无论在哪里碰上，都必须喂它们。

你现在是不是很担心兔宝宝哇？它们那么小，妈妈竟然不在身边，肯定会挨饿受冻的。其实不是这样的。它们都穿着漂亮的小皮袄呢，小皮袄像个小太阳，可暖和了。【✿ **比喻：** 用“小太阳”比喻兔宝宝的皮毛，形象地说明了兔宝宝的皮毛十分保暖的特点。】兔阿姨的奶香甜醇美，兔宝宝吃饱一次，好几天都不会感到饥饿。

到第八九天，宝宝们的牙齿就长出来了，它们就可以尝试着吃田野里的小草了。

早产的鸟

在鸟的家族里，下蛋最早的就要数乌鸦妈妈了。如果你走在森林里，看到高高的云杉枝丫上堆着厚厚的雪，你就要注意了，那上面很可能就是乌鸦的一个巢，可能乌鸦妈妈正卧在里面孵卵呢！虽是春天，但天气还是很冷啊！乌鸦妈妈怕冻坏了蛋壳里的小宝宝，因此一刻也不肯离开自己的窝。当然吃还是要吃的，那么找食物这项光荣的任务就落到了乌鸦爸爸的头上。

第一批报春的花

春天来了，怎么可能没有花呢——花是春天最好的使者呀！【✿ **比喻：** 将花比喻成“春天最好的使者”，表现出花对于春天的重要意义。】如果你想最先感受春的气息，你可不要去田野里找——田野里还覆盖着厚厚的积雪呢！到森林里，奔着叮咚叮咚的流水的方向找。在森林的边缘，小溪的水潺潺地流着，沟渠里的水已经漫到边沿上。在那褐色的春水上，横卧在水面的榛子树枝

上还没有一片嫩叶，但第一批春花已经傲然绽放了。

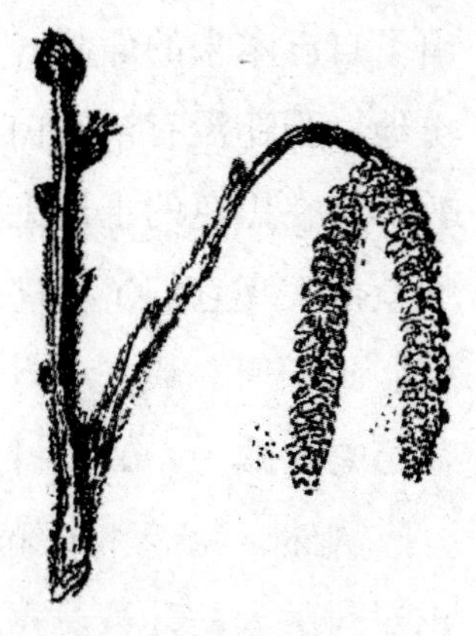

榛子树的树枝上，垂下了一根根柔软的小尾巴，人们把它们叫作柔荑（tí）花序。其实它们并不像柔荑花序。你抓住这些小尾巴轻轻一摇，上面就会有许多花粉簌簌地飘落下来。

你要是用心观察，就会发现一个奇怪的现象：在这些榛子树的树枝上，居然还长着别样的花。有的两朵开在一起，有的三朵开在一起，像极了花朵上的小蓓蕾。每个“蓓蕾”的尖上，伸出一对细小的“舌头”，鲜红鲜红的。其实，这些红色的小舌头就是雌花的柱头，它们能接受从其他榛子树上飘来的花粉。

风，轻快地在榛子树枝间穿行，没有夏天那样茂密的树叶阻挡，它可以随意地抚摸那些毛茸茸的小尾巴，并把花粉带到小舌头状的柱头上。

用不了几天，榛子花就凋谢了，小尾巴也会随着脱落，那些小舌头也随之慢慢地干枯。但是，不要伤心，你会惊喜地发现，花朵虽然凋落了，但是一颗颗将要成熟的肥硕的榛子会取而代之！

巴甫洛娃

春天里的对策

森林里的春天不是很太平，屠杀随时都可能发生。很多猛兽蛰（zhé）伏了一个冬天，这个时候都纷纷出来攻击温和的小动物。如果哪个小动物被它们盯上了，往往难逃一死。

在寒冷的冬天，皑皑的白雪覆盖了整个大地，当穿着白色外套的兔子和山鹑（chún）游走在雪地上时，【✿ **拟人**：说兔子和山鹑穿着白色外套，形象鲜明地表现了冬天里兔子和山鹑的外形特点。】谁又能轻易地发现它们呢？这样，它们就安全多了。可是现在春天来了，冰雪开始融化，很多地方都已经露

出了自己本来的面貌——雪底下是肥沃的黑土地。当还没有换下白色外套的兔子或者山鹑奔跑在黑色的土地上时，敌人在很远的地方就能发现它们了。那些食肉的家伙，像狼啊，狐狸呀，鹞（yào）鹰啊，猫头鹰啊，甚至是白鼬（yòu）、伶鼬等，它们随时都可能会给兔子或者山鹑致命一击。

当然，兔子和山鹑也不会让这样的情况一直发展下去的，它们也会很快想出对付敌人的计策。每当春天来临，兔子就会褪去雪白的外衣，换上灰色的外套。而山鹑也有自己的新制服，那是一种褐色和红褐色带黑条纹的外套。当它们穿着这身服装出现在黑色的土地上时，就不会那么容易地暴露自己了。

当然，为了寻找食物，那些肉食动物有的也会乔装打扮。【成语：生动形象地写出了动物们有保护色的特点——为了更容易地寻找到食物，随着周围环境颜色的变化而改变自己皮毛的颜色。】比如伶鼬，这个家伙狡猾着呢！冬天里，它也是浑身雪白，像无边的雪地一样。而白鼬也是一样，只是尾巴尖上有一点黑色。这样的两类攻击者在雪地里会很容易地接近那些弱小的动物。到了春天，它们为了更好地捕杀小动物，也精心地改换了自己的行装。原本像雪地一样的颜色的皮毛，现在也变成了灰色的。只有一点没有变，那就是白鼬的尾巴尖上的那一点黑色。但这又有什么关系呢？因为大地上黑色的斑点随处可见——森林里还能少了干枯的树叶和树枝吗？

冬客搬家

如果这个时候到森林里去，你会发现一个很奇怪的现象——在所有的道路上，都行进着一群群很像是鹀（wú）鸟的白色小鸟。其实它们是鹀鸟的亲

戚——雪鹀和铁爪鹀。

它们是来这里过冬的客人。北冰洋沿岸及北冰洋沿海的岛屿才是它们的故乡。它们的故乡属于冻土带，还需要很长时间才能解冻呢！

祸从天降

可怕的雪崩也随着春天的到来开始了！

在一棵高大的云杉树上，正在暖和的巢穴里睡觉的松鼠妈妈，突然被剧烈的晃动惊醒，原来是一个大雪球从树顶滚了下来，不偏不倚，正好砸在它家的窝顶上。松鼠妈妈飞快地蹿了出来，可是它那刚出生不久的娃娃是没有办法逃出来的。

松鼠妈妈赶紧又转了回去，拼命地拨开窝顶上的雪。真是万幸，由于窝顶是用粗粗的树枝搭建的，雪并没有压到铺着柔软苔藓的圆窝里，松鼠宝宝还正睡得香呢！它们是那样小，像刚出生的小老鼠一样，浑身光溜溜的，【✿ **比喻：** 将松鼠宝宝比喻成“刚出生的小老鼠”，形象鲜明地写出了松鼠宝宝小而光滑的特点。】眼睛还没有睁开，耳朵还听不到声响。幸亏这样，不然它们不知道要多么害怕呢！

潮湿的家

随着和煦的阳光越来越明媚，雪在快速地融化着。这个时候，住在森林地下室的动物们，心情却怎么也不能像外面的阳光一样明媚——谁的家进了水也不会高兴啊！鼹（yǎn）鼠、鼩鼱（qú jīng）、野鼠、田鼠、狐狸，还有和它们一样住地下室的动物们，都不约而同地担心起来，【✰ **成语：** 简洁明了地说明了面对到处泛滥的春水，无奈的不只是一两种动物，很多住在地下的动物都是如此。】要是往后所有的雪都融化了，自己要把

大雪球从树顶滚落，松鼠妈妈赶紧从窝里跑出来

家搬到哪里去呢？

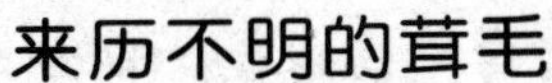

来历不明的茸毛

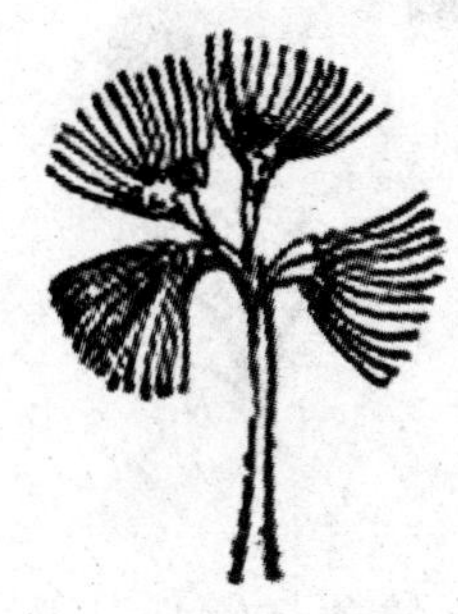

沼泽地里的积雪全都融化了，一堆堆的草丛中间，溢满了清清的湖水。草丛下面可以清晰地看到泛绿的羊胡子草茎。光秃秃的草茎上，一些银白色的小穗迎风摇曳着。这些是什么呢？难道是去年还没来得及飞走的种子吗？难道它们躲在积雪下过了一个冬天？不对，它们干干净净、嫩绿嫩绿的。【**形容词：**“干干净净”“嫩绿嫩绿”两个形容词形象地表现了初春草芽的特征。】

只要把这些小穗摘下来，轻轻地拨开茸毛，你就会发现如丝般的白色茸毛中间，露出了黄色的雄蕊和纤细的柱头。这时，你就会明白了，原来这就是花呀！

巴甫洛娃

漫步在四季常青的森林里

说到四季常青的植物，我们往往都会有这样的误解：那是生长在热带或者是地中海沿岸的植物哇！其实，在苏联的北方，虽然不常见，但也有常青的灌木林。【**对比：**将热带植物和苏联的北方植物放到一起，表明苏联的北方也有四季常青的植物这个事实，给读者深刻的印象。】在森林年的第一个月中，去这样的灌木林里走走，没有干枯的叶子和腐烂的杂草，眼里呈现的是绿色的海洋，呼吸的是新鲜的空气，这样的漫步真是一种神仙般的享受。

眺望远方，毛茸茸的小松树已经开始变绿。徜徉在这些绿茸茸的小树中间，该是多么惬意的事情啊！周围满是绿意盎然的景象：地上青苔如茵；越橘树的叶子绿油油的，闪闪发亮；石楠纤细的枝条上长满了绿色的小叶芽，像是

穿了件绿色的小鳞衣，而枝条上去年开的淡紫色的小花竟然还没有凋谢，正扬扬得意地坐在绿芽中间呢！【景物描写：描写生动形象，将四季常青的森林中，春天生机盎然的特点准确地表现了出来。】

再去沼泽边走走，你还可以看到一种四季常青的灌木，那就是蜂斗叶。深绿的叶子，卷起的叶沿，只剩下泛着白色的叶面露在外边。这些就足够引起你的注意而停下来仔细观察一下了，可是你肯定不会被吸引住，因为在这里你会发现更好看的东西——花，那才是春天的象征啊！一朵朵粉色的花，像小铃铛一样挂在叶边，在风中轻轻地摇摆着，和越橘花一样。在这么早的季节里，能够在森林里找到花，这是一件多么令人兴奋的事情啊！我想你肯定想采摘一把拿回家去，不过千万不要说是从野外带来的，那样是很难有人相信你的话的。如果你说是从温室或者花棚里采的，这样怀疑你的人要少得多。

巴甫洛娃

来自空中的战斗

“嚓——嚓！呱——呱——呱！”【拟声词：准确地运用拟声词，模拟乌鸦与鹞鹰打架的声音，给读者身临其境的感受。】一阵杂乱的鸟鸣声划过天空。我连忙惊奇地抬起头寻找，原来是秃鼻乌鸦和鹞鹰在战斗呢！鹞鹰只有一只，秃鼻乌鸦却有五只，这让我有些郁闷——以多欺少我是不喜欢的。鹞鹰拼命地左躲右闪，可还是被追上了。秃鼻乌鸦恶狠狠地啄着鹞鹰的头，鹞鹰“呱——呱——”地惨叫着，好不容易才狼狈地逃脱了包围圈。

那天，我正站在高高的山顶上远眺，看到一只鹞鹰落到了一棵树上休息。却不知从哪里飞来一群秃鼻乌鸦，嘶叫着就扑向了它。鹞鹰无处躲藏，只能叫着冲一只秃鼻乌鸦撞了过去。【动词：准确生动地把鹞鹰没有退路可走，只能拼死一战的状态刻画了出来。】那只秃鼻乌鸦没有料到这样的结果，吓得

慌忙躲开。包围圈一下子出现了一个缺口，鹞鹰乘机快速地冲上了高空，飞走了。眼看到嘴的美食飞了，秃鼻乌鸦也无可奈何，沮丧地解散了队伍，各自飞到田野里去了。

森林通讯员　梅什良耶夫

我的 好词好句积累卡

傲然绽放　肥沃　摇曳　惬意　沮丧

在那褐色的春水上，横卧在水面的榛子树枝上还没有一片嫩叶，但第一批春花已经傲然绽放了。

一朵朵粉色的花，像小铃铛一样挂在叶边，在风中轻轻地摇摆着，和越橘花一样。

城市新闻

屋顶音乐会

每到夜间，许多猫就会聚集到屋顶上，原来它们在举行音乐会呢！它们特别喜欢开音乐会，而且乐此不疲。可是音乐并没有把它们陶冶得文质彬彬，【✿成语：形容文雅有礼貌的样子。这里用否定的句式，将猫儿们开音乐会时混乱的场面表现了出来。】每次音乐会的结果只有一个，那就是以歌手们的大打出手而闭幕。

阁楼居民的生活

为了更好地了解阁楼居民的生活状况，最近一段时间，我们报社的一位同事几乎跑遍了市中心所有的住宅区。调查结果如下：

住在阁楼角落里的鸟儿们，对自己的住宅还是很满意的，生活得也非常开心。要是有怕冷的，就会住到挨着烟囱的地方，享受免费的取暖设备——免费的东西总是让人欣喜。母鸽子已经在孵蛋了；麻雀和寒鸦的行动有点慢，现在

正满城寻找搭窝的稻草和做褥子的绒毛、羽毛呢！【对比：将鸽子、麻雀和寒鸦的行动作对比，准确地交代了它们孵卵的先后顺序。】

当然，鸟儿们也有不是很满意的地方，这就要说到猫和淘气的男孩子了。他们都不被鸟儿们喜欢，因为猫和那些不听话的男孩子都有一个坏毛病，喜欢搞恶作剧，将它们辛辛苦苦才做成的窝捣毁。

麻雀事件

阵阵的吵闹声、厮打声从椋鸟的家门口传来，还有鸟毛、稻草漫天飞舞，真的很让人惊奇。

原来，椋鸟回来了，它才是这个房间的主人，可是麻雀却占了它的家。这样的事情任谁都不会心平气和的。于是它就揪着入侵者一个个地丢了出去，【动词："揪""丢"这两个动词，形象生动地刻画了椋鸟的动作，将它看到自己的家被占领后生气的神态展现了出来。】连麻雀编织的羽毛褥子也没有保留。它是再也不想和麻雀有一点关系了。

屋檐下有一条缝隙，有个泥水工正站在脚手架上忙着修复呢！要不雨天来了就不好了。几只麻雀在屋檐下蹦蹦跳跳，叽叽喳喳地叫着，看样子正玩得高兴呢！可是当发现屋檐底下的缝隙被糊上后，它们突然大叫着向泥水工的脸扑了过去。泥水工连忙拿着小铲子左挡右遮，想赶走这些捣蛋的家伙。可是他哪里知道，他辛苦封上的缝隙里，有麻雀下的蛋呢！

到处都是叫嚷声、打架声，绒毛、鸟毛纷纷扬扬，随风飞舞。

森林通讯员　斯拉德科夫

无精打采的苍蝇

街上出现了一些大苍蝇，它们穿着蓝里透绿、闪着金属光泽的外衣。它们和刚入秋时的虫子一样，一副睡眼惺忪（xīng sōng）的样子。它们现在还不会飞，只能沿着墙壁爬行，哆哆嗦嗦地挪动着细细的腿。

这些大苍蝇白天就在露天地里晒太阳，一到夜里，则爬回墙壁或者栅栏的缝隙中。

苍蝇虎

街头还出现了一群流浪汉，其实，这些是苍蝇的天敌——苍蝇虎。

俗语说得好：狼腿快，寿命长。【**引用：**引用俗语，表现了苍蝇虎腿长易捕虫的特点。】苍蝇虎也是一样，它们没有其他蜘蛛那样的本领，可以织出复杂的网来捕食小动物。它们整日游走在街头，遇到苍蝇或者其他昆虫时，就将身子一缩，纵身跳起来，扑到苍蝇或者其他昆虫身上，吃掉它们。

石　蚕

到河边去，你会发现一些探头探脑的灰色小幼虫从河面冰的缝隙中爬了出来。它们上岸后，就会脱去身上厚厚的皮外套，变成有翅膀的飞虫，身体显得修长匀称。你不要把它们当成苍蝇，也不要把它们当成蝴蝶，其实它们是石蚕。【**对比：**将石蚕和苍蝇、蝴蝶作比较，形象地刻画了石蚕的外形特征。】

现在，它们虽然有了长长的翅膀，身体也非常轻盈，可是它们还不能飞翔。因为它们太柔弱了，还需要太阳的照耀。

它们急切地想穿过马路，但是这样真的很危险。它们要冒着被人踩死、被

马蹄踏死，或者是被汽车轮子轧死的危险，甚至还有麻雀守候在那里等着啄食它们。但是，如果是几千、几万，甚至是几十万只一起过马路，那么总会有侥幸逃过的。一旦过了马路，它们就会到房屋的墙壁上晒太阳。

观察站

从19世纪60年代开始，著名的自然科学家凯戈罗多夫第一个在列斯诺耶进行物候学（物候学是一门研究生物活动与气候变化关系的科学——编者注）观察，这种观察一直延续着。

现在，领导这项工作的是地理协会下属的一个专业委员会，这个委员会是以凯戈罗多夫的名字命名的。

苏联各地的物候学爱好者都会把自己的观察日志寄到这个专业委员会。多年来，委员会积累了很多的观察记录，其中包括鸟类的迁徙、植物的茂盛和枯萎、昆虫的隐匿和复出等等。依据这些资料，人们就可以编制一部“自然历”了。我们就是借助这些“自然历”观测天气，安排各种农业生产日期的。

如今，列斯诺耶已建立起中央物候学观察站。这种有50年以上历史的观察站，全世界一共只有3个。

我的读后感

读了《城市新闻》中的几则动物故事，我学到了不少知识，对一些动物有了全新的认识，特别是麻雀。我原来不是很喜欢麻雀，感觉它们就是一伙只喜欢偷吃农民粮食的家伙，但是现在对它们有了敬意：麻雀妈妈为了救自己的孩子，敢于攻击强大的人类，这是多么伟大的母爱呀！

来自森林的第二份电报

椋鸟和云雀赶回来了，它们高歌起来。

我们急切地等待着，希望熊赶紧从洞里钻出来，可是就是不见它的影子。我们怀疑起来，不住地琢磨着，它不会是冻死在洞里了吧？

忽然，洞穴周围的冰雪开始微微颤抖。我们兴奋起来，心想，总算是出来了。

可是，从雪下钻出来的并不是熊，而是一个陌生的家伙。它的个头比小猪崽大点，全身都是毛，肚皮黑黑的，灰白色的脑袋上有两道黑色的条纹。

【外形描写：通过对獾的外形刻画，让人对獾的样子有了初步印象。】

原来，我们守候的不是熊洞，而是獾（huān）洞！那个刚出来的家伙就是獾，也是刚从冬眠中睡醒。

现在，它结束了漫长的冬眠，空着肚皮出来找吃的了。这个时候可以吃的东西不是很多，只能在森林里找些蜗牛、幼虫和甲虫，有时候还不得不啃植物的根、捉野鼠来填饱肚子。

放弃了这个守候了多日的洞穴，我们又找到了一个洞。这次找到的是个真

正的熊洞——熊还在里面睡得正香呢！

现在，水已经漫到冰面上了。

雪正在塌方，琴鸡咕咕叫着到处求偶，啄木鸟笃笃地啄着树干，专门刨冰的白鹡鸰（jí líng）也飞来了。

各地的道路开始变得泥泞不堪，农民们也收起了雪橇，套上马车作为交通工具。

来自我们的森林记者

给椋鸟安个家

如果你希望椋鸟在自己的家园里安家——有谁不希望这样呢？那么赶紧给它们搭建个窝吧！这个窝可不是随便就可以的，首先要干干净净，门洞还要小些，但又不能太小，要让椋鸟能自由出入，但不能让猫爬进去，猫爪子也不能伸进去，否则会伤害椋鸟的。这个要求看似很高，其实只要在门里面钉上一块木头做的三角板就可以了。

就这些基本要求，赶快行动吧！

飞舞的虻

天气晴朗的日子里，一些小蚊虫就会在空中飞舞。

不过你不要害怕，它们不叮人，人们给它们另外取了一个名字——虻。飞舞的小蚊虫通常都密密麻麻地聚集到一起，像一根圆柱，【✿比喻：将聚集到一起的小蚊虫比喻成“一根圆柱”，形象地表现了它们在一起的样子，给人鲜明的印象。】在空中旋转着。你若在虻多的地方抬头仰望的话，它们就像天幕上的黑点、人脸上的麻子。

最先现身的蝴蝶

蝴蝶飞出来了，它们呼吸着新鲜的空气，沐浴在和煦的春光里。

最早出现的是穿着褐色带红斑外衣的荨（qián）麻蛱（jiá）蝶和穿着淡黄色风衣的柠檬蝶，它们躲在顶楼上，熬过了寒冬。

园圃中

公园里，花圃中，雌燕雀高声地唱着歌。它们有着淡紫色的胸脯，脑袋却是淡蓝色的。它们蹦蹦跳跳地聚在一起，等待着姗姗来迟的爱人——雄燕雀。【成语：“姗姗来迟”形象地刻画出雌燕雀等待雄燕雀时的焦急心情。】

植树造林

为了建造更多的森林，100多年来，我国人民一直在努力着。这不，植树造林大会开始了，林务员、造林专家、森林学家和农学家都来了。

为了在草原地区造出一片大森林，这次大会特别选定了3万多种乔木和灌木。

最近几年，我们准备再造几百万公顷的森林，它们能帮助我们提高农作物单产量。

列宁格勒斯塔社

早春的花

在花园里、公园里、庭院里，到处盛开着一种黄色的小花，这就是款冬花。

街头上，你还可以经常看见有人在叫卖成束的鲜花，那是从森林里采摘的早春花。卖花的人给它们起了一个很动听的名字——雪下紫罗兰。但你仔细地观察一下就会发现，这些花的颜色和香味都与紫罗兰有很大的差别。其实它们真正的名字叫蓝花积雪草。

在这香气扑鼻的世界里，树木也忍不住了，它们纷纷从沉睡中苏醒过来。你仔细听听，似乎能听到白桦树干中的汁液在流动呢！【**想象：**丰富的想象将在春天苏醒过来的白桦树充满生机与活力的样子动态化地表现了出来。】

漂游生物

森林公园的峡谷里，潺潺的春水从一道道缝隙中流出来，汇聚成一条条小溪蜿蜒而来。《森林报》的几位工作人员用石头和泥土在一条小溪上筑了一道拦水坝。大家在一旁兴奋地守着，想看看什么生物会游到这个水塘里来。可是他们等了很长的时间都没有见到任何生物，只有一些枯枝败叶。

大家正失望时，突然看到一只老鼠沿着溪底被水冲了过来。不过这不是一只普通的家鼠。普通家鼠都是灰色的皮毛和长长的尾巴，它却是棕黄色的，尾巴也短短的。【对比：运用对比描写，将家鼠和田鼠的外形特征鲜明地表现出来，让人一下子就能区别出来。】大家明白了，哦，原来是一只田鼠哇！这只田鼠大概已经死了一个冬天了，只是一直被埋在雪里，现在积雪融化了，它也就顺着雪水滚落到水塘里了。

不一会儿，水塘里又多了一只黑色的甲虫。它拼命地挣扎着，【动词："挣扎"一词表现出屎壳郎掉到水里后，拼命想逃出水中的情形，鲜明形象。】在水里打着转，可是怎么努力也不能从水里逃到岸上。开始大家都认为它是一只水栖甲虫，可是捞上来一看，却是一只陆地上常见的屎壳郎。

看来它也醒了，不过为什么会掉到水里，我们就不知道了。

又过了一会儿，一个家伙游了过来，长长的腿一蹬一蹬的，自己游进了池塘。你知道它是谁吗？呵呵，就是一只青蛙。雪刚融化，青蛙见到水，马上就蹦了出来。它从水里跳上岸，很快就消失在灌木丛里了。

最后，游过来一个小东西，褐色的皮毛，很像是老鼠，只是尾巴太短了。噢，原来是只水鼠。它应该是过冬的粮食吃完了，跑出来找吃的。

款冬

田野里的小土丘上，早早地冒出了一簇簇细茎。这每一簇细茎就是一个小小的家庭。那些高昂着头、长得细而长的，是这个家庭里先出生的成员。紧紧依偎在它们身旁的，【动词："依偎"一词，形象鲜明地刻画了一簇簇款冬刚长出来时的样子。】是这个家庭里的小弟弟和小妹妹。它们长得短短的、胖胖的，显得憨态可掬。

还有一些茎特别可笑，它们都耷拉着脑袋，弓着腰，样子十分滑稽，仿佛

因为刚刚出世，感到害羞、怯生似的。

这一个个小家庭，都是由地下的母茎滋养出来的，这可以看出母爱的伟大。从去年的秋天，它们的母亲就开始为自己的孩子储备养料。这些储备的养料到现在已经消耗掉很多了，不过也不用担心，剩下的养料足够它们在整个开花期使用。

用不了多久，这一簇簇的小脑袋就会变成一朵朵辐射状的黄色小花。不，应该说是一朵朵的花序，它们都一簇簇地、紧密地簇拥着。

当这一朵朵的小花开始凋谢的时候，根茎里就会长出叶子来。这些叶子接受阳光的照射，产生新的养料，并且储备到根茎里。

巴甫洛娃

嘹亮的喇叭声

如果你住在列宁格勒，如果你起床起得很早，有时候你会听到一阵阵喇叭声。这个时候整个城市还处在熟睡中，因此这时的喇叭声也就显得格外嘹亮。

要是你的视力非常好，你抬头就可以看到蓝天白云下，一群白鸟正列队飞行，脖子又长又直。这是一种很喜欢鸣叫的鸟，人们叫它们野天鹅。

其实，每到春天，它们都会从这座城市的上空飞过，边飞翔边叫喊着，声音像极了吹喇叭。【比喻：将野天鹅的叫喊声比喻成“吹喇叭”的声音，准确地刻画了野天鹅鸣叫声的特点，给读者真实的感受。】只是在白天，街头人来车往，喧嚣吵闹，你也就很难听到它们的鸣叫声了。

现在，这些野天鹅正忙着赶路呢！它们的目的地是位于科拉半岛的阿尔汉格尔斯克一带或者是北德维纳河两岸。它们将在那里筑巢。

特别的门票

现在，我们急切地盼望着那些有羽毛的朋友的到来。【**副词**：表现出孩子们希望鸟儿们快些到来的焦急心理。】学校交给我们少先队员一个光荣的任务：每人为椋鸟做一个温暖舒适的窝。

于是，大家都忙开了，许多同学直奔学校里的木工场。这个木工场是专门为我们做鸟窝服务的，如果有哪个同学还不会做鸟窝，就可以到那里学习，用不了一个上午就能学得很好。

我们总是在学校的树上挂上许多鸟窝，等着鸟来安家。这样，我们的梨树、苹果树、樱桃树等，就不会受到害虫的侵犯了。大家已经商量好了，等到学校欢度飞禽节的时候，每一个少先队员都要带着自己做好的鸟窝到庆祝会上：鸟窝就是我们参加飞禽节的入场券。

森林通讯员　伏洛加·诺威任尼亚·科良吉克

我的读后感

读了这份电报，我感受颇深：要想了解大自然的秘密，就要有勤奋的精神。比如想听来自空中的“喇叭声”，不早起是不行的。而从那些早春的花身上，我懂得了观察的时候要认真细致，才能体会到观察的乐趣。

来自森林的第三份电报（急电）

我们在熊洞旁的一棵大树上轮流守候的时候，突然发现，洞前雪地上的积雪好像被什么东西拱起来了，随后就伸出了一个野兽的黑脑袋。

这是一只母熊，它钻出了洞，打了个长长的哈欠，【动作描写：把母熊闷了一个冬天，刚钻出树洞时的神态形象地表现了出来。】就向森林深处走去，还有两只小熊跟在它的后面。在洞里闷了一个冬天，小熊们出来后显得格外高兴。它们跟在母熊的后面，活蹦乱跳。我们没来得及看清楚小熊的模样，只看见母熊瘦瘦的背影。

经过漫长的冬眠后，母熊真的饿坏了。但可以看出，它的心情很好。它在森林里四处游走，寻找吃的东西。它现在饿得发慌，遇到什么吃什么：树根哪，浆果呀，甚至是去年的枯草，都成了它的食物。如果遇到一只兔子，那是它万万不能放过的。

大水来了

冬天的统治被彻底地推翻了，云雀和椋鸟高高兴兴地唱起了歌。

水冲破了冰的禁锢，涌向了自由的大地。广阔的田野到处都是水，太阳公公将万丈光芒洒下来，碧绿的小草探出了小小的脑袋，美滋滋地享受着阳光的

爱抚。大地上一派喜气洋洋的景象，让人看了心旷神怡。【成语：言简意赅地刻画出了人们看到大地上的盎然春景时愉悦的心情。】

第一批野鸭和大雁飞来了，它们自由地漫步在春水泛滥的地方。

一只蜥蜴从树皮底下钻了出来，爬到树墩上，懒洋洋地晒着太阳。【神态描写：形象地刻画了蜥蜴在春天的阳光下惬意的样子。】这是我在今春看到的第一只蜥蜴。

这里，每天都发生着很有意思的事情，我想都记下来却来不及。大水也给人们的生活带来了很多不便，因为漫流的大水隔断了城乡的交通。动物在水灾中的遇难情况，我们将会通过飞鸟传书给报社，并在下一期的《森林报》上刊登。

来自我们的森林记者

我的 好词好句积累卡

活蹦乱跳　禁锢　美滋滋　泛滥

碧绿的小草探出了小小的脑袋，美滋滋地享受着阳光的爱抚。

第一批野鸭和大雁飞来了，它们自由地漫步在春水泛滥的地方。

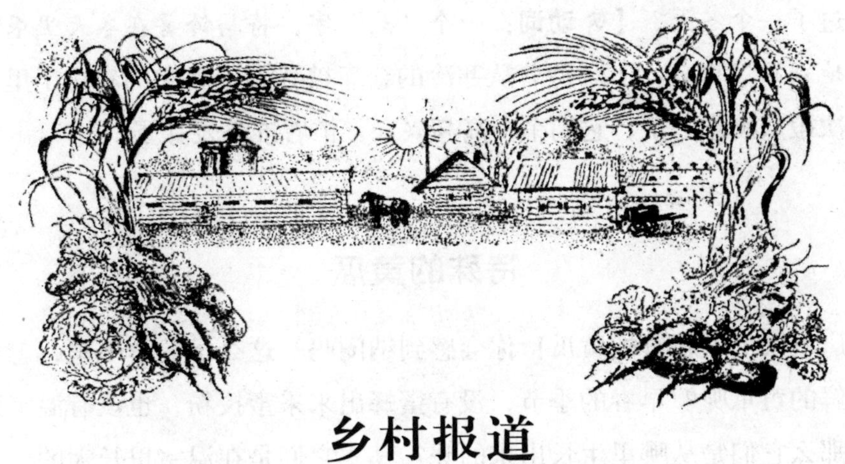

乡村报道

把春水留在田间

雪是被凝固的水。积雪融化后，雪水再也不想受到束缚，肆意地想从田里逃到更舒畅的低洼处。农庄里的社员们及时发现了，赶紧用厚厚的积雪堆起了一道道水坝。这下雪水再也无法逃跑了，只能乖乖地留了下来，【拟人：形象地表现了雪水遇到厚厚的水坝后不再流动的样子。】并慢慢地渗进田地里。

田地里的秧苗们感受到了根部的滋润，个个兴高采烈起来，在风中扭起了秧歌。

可爱的猪宝宝

昨天夜里，猪舍里洋溢着欢乐的气氛——母猪们做妈妈了。这下子可忙坏了饲养员们，他们忙着为猪妈妈接生，结果100多只小猪都顺利地产下来了。它们个个肥嘟嘟的，摇晃着脑袋，哼哼乱叫着。猪妈妈们焦急异常，它们急切地等待着饲养员把它们的孩子送过来喂奶。

马铃薯搬家

熬过了一个冬天，【动词：一个“熬”字，将马铃薯在冬天里艰难的处境生动地刻画了出来。】马铃薯从寒冷的仓库被移到了暖和的新房子里。马铃薯对这次搬家满意之至，它们个个高高兴兴，忙着准备发芽了。

特殊的黄瓜

菜店里摆上了新鲜的黄瓜！你会感到纳闷吗？这么早的季节里，怎么会有这样新鲜的黄瓜呢？早春的季节，没有蜜蜂出来采蜜授粉，也没有温暖阳光的照耀，那么它们是从哪里生长出来的呢？其实它们是在温室里长大的。它们可是名副其实的黄瓜，【成语：简洁地表现出温室里的黄瓜与自然生长的黄瓜同样新鲜、味美。】个个肥硕、厚实，而且多汁，身上还长满了小刺，老远就能闻到它们的清香。但你不要只顾兴奋地挑选，而忘记了它们身上的小刺呀！

巴甫洛娃

写一写，练一练

1. 照样子，写词语。

高高兴兴：________　　肥嘟嘟：________

2. 注音。

肆意（　　）　纳闷（　　）

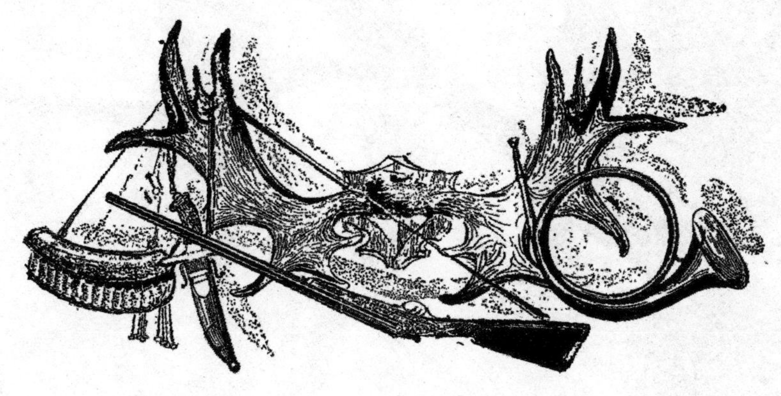

林中狩猎

关于春天的狩猎时间，国家是有明文规定的。如果春天来得早，那么猎期就会提前些；如果春天来得迟，猎期就会推迟。春天可以打猎的时间是很短的。

春天里打猎，只准猎取飞禽类的，而且只准猎取雄性，雌性坚决禁止猎取，而且不许带猎狗。

猎人的喜好

这是一个阴沉的黄昏，天上还飘着毛毛雨，因为没有风，天气还是比较暖和的。【**环境描写：**真实地写出了天气的特征，说明这是一个打猎的好机会。】这是打猎的好时机。

猎人早早地就从城里出发了，黄昏时就到了森林里。他在森林边上选择了一个打猎的好地方，就靠到一颗云杉树旁边，四周都是些比较矮的赤杨、云杉等。

太阳已经到了西山顶，估计再有15分钟就要沉下去了。这个时候正好可以抽根烟，过会儿就来不及了。（当时并没有明文规定森林中不能抽烟。现在在

猎人站在树林里，静静观赏树上的鸟

森林防火期内，严禁抽烟、生火，携带火种，以免发生森林火灾——编者注）

这时候，森林里充满了鸟儿们快乐的歌声，猎人站在那里，静静地倾听着。站在枞（cōng）树顶上高歌的那只鸟，好像是鸫（dōng）鸟。密林深处也传来了啾啾声，那应该是欧鸲（qú），它们喜欢这样低吟。

太阳终于沉到西山坳里去了，夜幕开始蒙上了森林。鸟儿们也陆陆续续地停止了歌唱。最后，连最爱唱歌的鸫鸟和欧鸲也沉默了。

现在一定要留心了，仔细听！森林的上空传出了声音，穿过寂静的森林："嗤尔克，嗤尔克，霍尔——尔——尔！"【**拟声词**：准确地模拟出鸟鸣叫的声音，反衬出黄昏时森林的寂静。】猎人打了个激灵，把枪靠到肩膀上，一动也不动地站在那里。这是哪里来的声音呢？

“嗤尔克，嗤尔克，霍尔——尔——尔！”噢，原来不是一只，而是一对呀！

在森林的上空，两只长嘴的勾嘴鹬（yù）正飞过。它们快速地扑扇着翅膀，一只正在追逐另外一只。注意了，它们不是在打架，前面一只是雌的，后面一只是雄的。

“砰！”一声枪响划破了寂静的夜空。后面那只勾嘴鹬像风车一样，打着旋，从空中慢慢地落到了灌木丛中。

猎人急忙奔了过去。这只鸟应该没有死，只是受了伤，如果它躲到了灌木丛深处，那么找起来就麻烦了，甚至是白费力气。

勾嘴鹬的羽毛和灌木丛中的枯枝败叶的颜色相似，猎人仔细地瞅了瞅，才发现它挂到了灌木的枝条上。

“嗤尔克，嗤尔克！”“霍尔，霍尔！”叫声又从那边传来，原来是前面的那只雌勾嘴鹬在寻找雄勾嘴鹬呢！猎人靠着云杉树，端起枪试了试，可惜，太远了，霰（xiàn）弹够不到。

森林里变得安静起来，猎人耐心地等待着机会的再次来临。

“嗤尔克，嗤尔克，霍尔——尔——尔！霍尔——尔——尔！”又有两声雌勾嘴鹬的叫声传来，还是那只。猎人有点忍不住了，他摘下了帽子，向空中抛去。那只雌勾嘴鹬正在寻找自己的爱人，忽然看见一个黑影，以为是雄勾嘴鹬，迅速地冲了过来。

“砰”的一声，这只雌勾嘴鹬中了枪，像一块木头一样，直接栽倒在灌木丛里。【✿ **比喻**：将中了枪的雌勾嘴鹬比喻成“木头”，准确地写出了它中枪后从天而落的情景。】

夜幕蒙上了森林。“嗤尔克，嗤尔克！霍尔，霍尔”的叫声此起彼伏，断断续续。一会儿在这边，一会儿又跑到了那边，猎人被搞得晕头转向。

“砰！砰！”没有打中。

“砰！砰！”又没有打中。

最好还是休息一下吧，瞄得不太准了：静不下心来怎么能有准头呢？

漆黑的森林里，突然，传来一声猫头鹰嘶哑的叫声，又大又可怕，吓得一只睡眼惺忪的鸫鸟也跟着尖叫起来。

夜更黑了，已经不适合开枪了。猎人趁着还能看见小路，赶紧到鸟交配的地方去了。

在松鸡交配的地方

夜里，猎人并不下山。他在森林里吃点东西，喝点带来的水，休息休息。他是不会生火的，那样会吓跑猎物。

过不了多久，天也就要亮了，那时是松鸡开始交配的时候。

又是一声猫头鹰的叫声传来，刺破了森林的寂静。【**动词：**准确地写出了猫头鹰的叫声在凌晨寂静的森林里显得尤其突兀、刺耳。】

这个家伙真可恶，它这样不知趣地乱叫，会把交配的松鸡吓跑的。

东边的夜空开始泛白了。听！一只松鸡在什么地方“喀，喀”地叫了起来。声音很小，但是隐约可以听见。

猎人兴奋起来，侧耳倾听着。

“喀，喀”，又有松鸡叫了起来，这次猎人发现了，它就在离自己不远的地方，也就有150步的样子。

猎人小心地移动着脚步，端着枪，手指紧扣着扳机，向着有叫声的地方凑过去。【动词：“移动”“端”“紧扣”“凑”几个动词，形象地表现了猎人打猎时小心翼翼的样子。】

“喀，喀”的声音突然停止了，猎人正疑惑着，另一只松鸡“喀，喀”地叫起来。猎人乘机向前蹿了两三步就停住了，一动也不动。

松鸡的叫声停止了，周围再次陷入了寂静。

机警的松鸡开始警觉了，它们专注地听着。这可是些机灵鬼，一丝的响动，哪怕是树枝的颤动，都能引起它们的注意，以至于会让它们赶紧展开翅膀，逃得无影无踪。

但是这次，它们好像并没有听到什么声响，于是过了一会儿，又都“喀，喀”地叫起来，像极了两根木头轻轻撞击着的声音。

猎人仍然没有动。

于是松鸡胆子更大了，放松了警惕，高声地啼叫起来。

这时，猎人又乘机前进了一步。

松鸡好像听到了什么动静，又停止了啼叫。

它们静静地听着，吓得猎人一只脚还没有着地，就不敢动弹了。

过了一会儿，松鸡并没有发现异样，又开始“喀，喀”地叫起来。

它们不能不啼叫，它们是在吸引配偶呢！

猎人重复了几次这样的动作，已经离松鸡越来越近了，现在他可以清楚地听到它们嘈杂的啼叫声。可以确定的是，它们就在附近的那几棵云杉树上。但是还是不能知道具体是哪棵树，天色还是有点暗，看不清楚哇！

哦，原来在这里呀。一棵枝叶婆娑的云杉上，一只松鸡伸着长长的黑脖

子，颤动着山羊胡子，正在东张西望呢！【❀ **动词**：几个动词的连用，形象地刻画出了松鸡感觉到危险后警惕的样子。】离猎人的距离也就是30步的样子。

那只松鸡也好像感觉到了危险的来临，它再一次停止了啼叫，四处张望起来。猎人隐藏在灌木丛里，屏住了呼吸。

“喀，喀……”

它又重新叫起来了。

猎人抓住机会，赶紧端起了枪。他瞄准了那只尾巴长得像大扇子一样的松鸡。

“砰！”

枪响了，接着传来“扑通”的一声。

走近一看，呀！好大的一只松鸡呀！全身乌黑，至少也有5千克重。它的整条眉毛都是红红的，仿佛是被鲜血染过一样。

森林剧院

琴鸡交尾剧

森林中间有很大的一片空地，现在这里成了一个露天剧场。太阳还没有出来，但是那里却很明亮，周围的一切都看得清清楚楚。因为神奇的极夜就出现在这里。

剧场里总是少不了观众，这里的观众就是那些身上有麻斑的雌琴鸡。此时，它们都聚集在剧场周围，有的在寻找地上的食物，有的则安安静静地蹲在树上，等待剧目开始。

好戏马上就要开始了！

看哪，森林里飞来了一只雄琴鸡，它落到了中间的空地上。这就是今天这出戏的主角。

这个家伙浑身乌黑，仿佛穿着一件黑色的风衣，翅膀上还有几道白色的条纹。【**外形描写：**形象地展现了雄琴鸡的外形特征，将它威武的样子表现了出来。】它用黑豆似的眼睛扫视了一遍交尾场：除了那些作为观众的雌琴鸡，那些和它配戏的雄琴鸡还没有来。

咦，那边是什么东西？什么时候长了那么多矮树丛呢？好像昨天还没有的，难道一夜的工夫就可以长出一米多高的云杉树？还是我记错了呢？老了，记性就不怎么样了。不想了，好戏马上开始了。【心理描写：表现了老雄琴鸡心理变化的过程，为下面情节的发展做铺垫。】

它再次打量了一下观众，然后将脖子弯到地面上，翘起了美丽的大尾巴，放下两只翅膀，落到地上。

接着它就开始叽里咕噜地唱起来，意思好像是“我要卖掉旧皮衣，买件新大褂，买件新大褂”。

“呼啦”一声，一只雄琴鸡落到了交尾场上。

在它的带领下，又接连飞来好几只。

瞧！我们今天的主角生气了。它浑身哆嗦着，羽毛都竖了起来，脑袋已经贴到了地上，尾巴像是一把大蒲扇，嘴里不住地“哼哼”着。【动作描写：形象地刻画了主角受到挑衅后生气的样子。】这是在发出挑战的信号：“你们要是不担心掉没了羽毛，不害怕疼痛的话，就过来吧！”

交尾场的另外一头，有只雄琴鸡回应了挑战：“哼，谁怕谁呀，有胆你就放马过来。”这只一挑头，剩下的雄琴鸡们沸腾起来，足有二三十只，个个都是雄赳赳的样子。“对，谁怕谁呀，有胆你就过来，我们都做好了准备，随你选。”

这时，雌琴鸡们却异常安静，好像眼前将要发生的事和它们一点关系都没有似的，它们就是来看热闹的。其实谁不知道哇，这场剧目就是为它们准备的。那些披着黑风衣，眉毛火红的斗士到这里来打架，还不是为了眼前这群美女吗？

每一只雄琴鸡都想在美女面前展示一下自己的力量和战斗的能力。那些愚蠢的、胆小的快些滚开吧，只有真正的猛士才能俘获美女的芳心。

战斗就这样开始了。

满场都是“叽里咕噜”的挑战声和欢呼声。雄琴鸡们弯着脖子，用拱起的身子向前发力，狠命地往前冲。

两只雄琴鸡撞到了一起，头对着头，用嘴狠命地啄着对方的脸。【动词：准确地展现了两只雄琴鸡是如何战斗的。】

“啾叽，啾叽”声不断从场上传来，它们发出愤怒的低吼。

笼罩的雾气开始散去，天色渐渐亮了。

雌琴鸡们只是关注着场上的决斗，却没有发现不远处的云杉树里，隐隐地泛着金属的光泽。雄琴鸡们更是无暇顾及。

离树丛最近的主角已经打跑了两个挑战者，它现在正在全神贯注地对付第三个呢！【成语：将雄琴鸡战斗时专注的神态刻画出来，言简意赅。】真是不简单的角色，森林里还能找到比它更强悍的吗？

不过，第三个挑战者也不是平庸之辈。它不但勇猛，而且还十分灵活。只见它轻轻地一跳，就给对手狠狠的一击。

“啾叽，叽！”主角发怒了。

树枝上的美女们这次都伸长了脖子，【动词：形象地再现了雌琴鸡们观看雄琴鸡们战斗时痴迷的样子。】看得津津有味。这才是真正的搏斗哇！每一个美女都关注着自己心仪的勇士。不过大家都是很看好第三个挑战者的，认为它不会像前两位那样轻易被打倒。两只雄琴鸡更加兴奋起来，它们扑棱着翅膀，在空中扭成一团。

撞啊！啄呀！你都看不清楚谁啄谁了。只见两只雄琴鸡都摔倒在地上，向两边跳开了。折断了两根硬翎的年轻些的那只，满身的蓝羽毛像被雷击了一样，杂乱无章地竖立着。年老的那只更不好过，吃大亏了。它火红的眉毛上流着血，一只眼睛也瞎了。【场面描写：点面结合，生动地刻画了雄琴鸡战斗时的激烈场景，让人如临其境。】

观战的美女们骚动起来，忙着弄清楚是谁胜利了。难道是年轻的战胜了今晚的主角不成？也是，看哪，那么英俊的小伙子，多漂亮啊！看看那闪着亮光的蓝翎毛，还有满是花斑的尾巴，真让人喜欢！

哎呀！它们又战到一起了。这次它们抱到了一起，蹦跳着，在空中拧成了麻花。这次年老的压到上边去了！随后，它又跳开了。

再一次扭到一起了！年轻的占了上风。

现在到了决战的时候了！

它们忽地拧成一团，忽地跳开，再重新扭到一起。这样不断地反复着。

“砰！”一声枪响，刺破了整个森林的宁静，那矮矮的云杉树丛上空升腾起一股青烟。

顿时，交尾场一片寂静。观战的美女们伸长了脖子愣在那里。雄琴鸡们惊恐地停止了战斗，四处张望着。

“怎么了？怎么了？”

“没有什么事呀！没有见到陌生人哪！”

周围静极了，好像是天下太平！甚至云杉树上的那股青烟也知趣地消散了。【**拟人：**青烟“知趣”地消散，形象地表现了琴鸡们自以为天下太平，没有发现危险就在身边。】

没有什么，战斗继续！一对对雄琴鸡张牙舞爪，重新投入了搏斗中。

一只雄琴鸡刚转过身，就看见了对面的敌人。它勇敢地一个纵身，狠狠地啄向了敌人的脑门。

树上的美女们清楚地看到，舞台上躺着一老一少两只雄琴鸡。这是很奇怪的事情，难道它们相互打死了对方？真的不可思议！

太阳从云彩后面跳了出来，悬挂在森林的上空。交尾剧谢幕了！琴鸡们各自散去，交尾场上一片宁静。这时，云杉树后面走出了一个猎人。他乐滋滋地捡起了今天最大的收获——那对老少情敌，接着捡起被他打死的另外3只雄琴鸡，高高兴兴地回家了。

当穿过森林时，他缩起了头，竖起耳朵，东张西望，一副鬼鬼祟祟的样子。他今天做了两件亏心事：一件是违反法律，在禁猎期打死了交尾场中正在交尾的雄琴鸡；一件是他打死了交尾场的老主角。

交尾剧看来要取消了！

我的好词好句积累卡

雄赳赳　无暇顾及　不可思议　鬼鬼祟祟

“砰！”一声枪响，刺破了整个森林的宁静，那矮矮的云杉树丛上空升腾起一股青烟。

来自四面八方的无线电

呼叫！呼叫！

这里是《森林报》编辑部。呼叫各地，请注意！

今天是3月21日，春分。我们正在全国各地举行一次无线电呼叫大连接活动。

各方请注意！各方请注意！

呼叫苔原！呼叫原始森林！呼叫草原！呼叫山丘！呼叫海洋！呼叫沙漠！各地请注意！

请注意，请报告你们目前所在地方的情况！

收到！收到！北极收到！

对我们北极来说，3月21日是个伟大的日子：经历了漫长的黑夜和冬天，太阳终于在今天露出了笑脸。

第一天，太阳公公还是有点害羞，好像成了个顽童，从海平面上露出了头顶，不到一会儿，就又缩了回去。【**拟人**：将太阳比拟成一个“顽童”，形象地将此时太阳升起的特点表现了出来。】

过了两天，它的胆子大了些，露出了半个脸来。

又过了两天，它才慢慢地放开了，整个跳出了海平面。

现在，我们开始享受白天了。虽然很短，每天只有一个多小时，可是对我们来说仍然是件鼓舞人心的事情。因为我们知道，白天的脚步正一步步地朝我们走来，明天的白昼会比今天的长，后天的白昼会比明天的长，还有比这更好的事情吗？

但是，陆地和海面上还覆盖着厚厚的冰雪，北极熊还懒懒地睡在冰窝里。往四周眺望，仍然看不到一片绿叶，看不见一只飞鸟，凛冽的寒风还在肆意地扫荡着大地。【**景物描写：**展现了虽然春天已来临，但是北极还未有春暖花开的迹象。】

中亚细亚收到

我们刚种完马铃薯，现在准备种棉花。这里的阳光炙烤着大地，街上尘土飞扬。有些花已经凋谢了，像扁桃、杏树、风信子、白头翁等。而有的正处在怒放的时节，桃树、梨树、苹果树就是其中的代表。我们的防护林栽种工作也开始了。

来这里过冬的乌鸦、秃鼻乌鸦、云雀都已经飞回北方去了。它们已经在这里待了一整个冬天了。来这里消暑的家燕、白肚皮的雨燕等现在也到了。地洞里，树洞里，会不时地看到红野鸭孵出的小野鸭呢！

远东收到

这里是远东，这里的狗已经从冬眠中苏醒过来。

你在疑惑吗？你在怀疑我说错了——狗还有冬眠的吗？不要怀疑，我说的就是狗，不是那些熊、獾，也不是土拨鼠，它们需要冬眠我们都知道。但是我们这里的狗也需要冬眠，这是不是让你感到很神奇？千万不要因为自己那里的狗不需要冬眠，就想当然地认为所有的狗都不需要冬眠哪！

我们这里的狗是一种野狗。个头比狐狸小一点，腿短短的，身上长满了棕色的毛，又密又长，耳朵都被遮住了。【✿ **外形描写**：准确地写出了野狗的形象特征，给人鲜明印象。】当冬天来临，它们就像獾一样，钻到洞里睡大觉。一直到来年的春天，它们才懒洋洋地从洞里钻出来，到处抓老鼠和鱼吃。

我们都称这种小东西为浣熊狗，这个名字是不是很可爱呀？因为它们长得很像美洲的小浣熊。

西乌克兰收到

在乌克兰西部，人们已经开始种植小麦了。

从遥远的南部非洲，白鹳（guàn）飞回来了。这真让我们高兴，它们是我们的好朋友。

我们会把一些笨重的旧车轮子搬到房顶上，【**形容词：**面对“笨重”的车轮子，“我们”却不怕麻烦地搬到房顶上，只是为了白鹳做巢方便，这充分展示了“我们”对白鹳的喜爱。】方便它们做巢。我们喜欢它们在我们的小房顶上安家。

它们可是闲不住的，你瞧！它们现在已经寻找了一些小树枝，放到了车轮上，准备筑巢了。

这个时候，我们这里的养蜂人慌了，因为金色的蜂虎鸟也飞回来了。这种小鸟姿态优美，外表光鲜，可就是喜欢吃蜜蜂，让养蜂人讨厌。

新西伯利亚原始森林收到

我们这里的景象和列宁格勒郊区差不多，因为我们都处于原始森林地带。苏联的疆土被成片的针叶林和混合林横着穿过。

秃鼻乌鸦夏天才光顾我们这里，这里的春天是从寒鸦飞来的那天算起的。寒鸦从来不在这里过冬，但是一到春天，它们总是最早飞来的鸟。

春姑娘在我们这里的脚步很急促，总是来去匆匆，【**拟人：**用拟人的手法，表现了新西伯利亚的春天时间非常短，形象生动。】让我们很留恋。

这里是外贝加尔草原

成群的粗脖子羚羊，迈着蹒跚的步子，【**形容词：**形象地表现了冰雪初融时羚羊行走艰难的样子。】向着南方进发，它们要到蒙古去。

这里现在积雪初融，这样的天气对那群羚羊来说，可不是个好事情，甚至是灾难。白天融化的雪水一到晚上就会变成冰。广袤的草原，整个成了一个天然的滑冰场！羚羊们踩在这镜面一样的冰面上，【**比喻：**将冰面比喻成“镜面”，准确地写出了此时草原冻土极其光滑的特征。】惨剧随时都可能发生。

只要它们一抬起蹄子，就“吧嗒”一声，四蹄叉开，整个肚皮贴着冰面滑出去。如果方向不够好，就会和其他的羚羊撞到一起，往往死伤无数。

不能奔跑，也就等于将自己置于危险的境地，因为狼和其他猛兽随时都可能出现，吃掉它们。

中亚细亚沙漠收到

春天是美丽可爱的，就算在我们沙漠也一样。绵绵的细雨陪伴着沙漠里的一草一木，天气也很温和。嫩嫩的小草从沙粒中露出头来，到处张望着。【**拟人：**用“露”“张望”这样富有人的特征的词语来写小草刚刚发芽的样子，形象地刻画了小草稚嫩可爱的样子，给人以鲜明的印象。】你都不敢想象它们是从哪里钻出来的。

灌木发芽了，酣睡了一个冬天的动物们从地下爬了出来，伸着懒腰。还有屎壳郎和象鼻虫，它们也耐不住寂寞，过来凑热闹。蜥蜴、蛇、乌龟、土拨鼠、跳鼠什么的，也都从深深的洞穴里爬了出来。巨大的黑兀鹰却是从山上飞下来的，千万不要认为它们是来欢迎山下来客的，它们是乌龟的天敌。它们会用自己坚硬弯曲的嘴，从乌龟壳里掏出肉来吃。

明媚的春天还吸引了各种各样远道而来的云雀，估计你很难在其他地方见

到这么多种云雀。鞑靼大云雀、亚细亚小云雀、黑云雀、白翅膀云雀，还有带冠毛的云雀，你数都数不过来。

在这温暖明媚的春天里，放眼望去，到处生趣盎然。仔细听听，天空中传来了小鸟快乐的歌声。【❀ **景物描写：**生动形象地表现了春天里的沙漠生机勃发的样子。】春天真伟大呀，让原本荒芜的沙漠也变得生机勃发。

高加索收到

高加索地区的春天和别的地方不一样，因为这里是山区，春天总是像台阶一样，从低处到达高处。【❀ **比喻：**将春天的到来比喻成“台阶”，鲜明生动，准确地写出了山区的春天山顶、山下气温大不同的特点。】

当山顶上还在漫天飞雪的时候，谷底里却是另外一个天地：细雨如丝，流水潺潺。无数的溪流汇聚到一起，第一次春潮也就来临了。河水凶猛地漫过河岸，裹挟着枯枝败叶，咆哮着奔向了大海。【❀ **动词：**准确地把春天来临时河水凶猛的特点表现了出来。】

山谷中，现在是春暖花开，生机盎然。在南面的山坡上，阳光灿烂，细草由浅入深，向山顶铺展开去。

鸟类、啮齿类、食草类的动物们，跟随着绿草的影子向上扩展。食草类动物，如鹿哇，兔子呀，野绵羊，野山羊等的移动，也招引着那些食肉的狼、狐狸、野猫尾随而来，甚至凶猛的雪豹也跟了上来。

当冬天被逼到山顶上后，春天就统治了整个高加索山区。动物们随着春天的脚步向山上发展，高加索也就充满了生机与活力。

喂！喂！这里是北冰洋

现在，北冰洋上到处都漂浮着巨大的冰块、冰山。偶尔你能看到冰面上躺着几只浅灰色的雌海兽，但它们的两肋是黑色的。这就是大名鼎鼎的格陵兰雌海豹，它们将要在这寒冷的冰面上产下自己的小宝贝。小海豹刚产下来时毛茸茸的、白白的，眼睛和鼻子都是黑黑的，【外形描写：形象地刻画了小海豹刚出生时的外形特征，展现了它们可爱的样子。】煞是惹人喜爱。但是它们还不会游泳，要先在冰面上训练很长时间，才可以下到水里去。

雄海豹也得爬上冰面，因为这些黑脸、黑腰的家伙要在这里蜕去自己那身又短又硬的黄毛。在没有换完毛之前，它们会一直躺在冰面上。

瞧！侦察员正乘着飞机侦察呢！他们想知道哪块冰面上聚集着带着孩子的雌海豹，哪块冰面上躺着换毛的雄海豹。

一旦侦察清楚，他们就飞回去向船长报告哪里的海豹最多。不久之后，你就能看到载着猎人的捕猎船出发了。他们飞速前进，奔向海豹最多的地方，开始猎捕。

黑海收到

我们这里没有土生土长的海豹，如果你有幸看到一只，那一定是从地中海来到这里的。这中间，它要穿过博斯普鲁斯海峡。它来到这里后，行动很小心，偶尔在海面上露一下3米长的黑脊背，就又“噌”的一下钻到海底，消失得无影无踪了。

但我们这里有更可爱的动物——海豚。我们都愿意称它们为“海的精灵”。它们很喜欢在海里戏水，时常从水里跳出来，一只一只的，在空中翻个跟头，然后蹿到水里。【动词：连续几个动词生动地展示了海豚在水里游玩时的特点。】这么可爱的动物，有时让猎人都不忍心下手。

这个时候，猎人们开着汽艇，小心地跟在成群结队的海鸥后面。因为海鸥飞去的地方，会有大量的小鱼，这也正是海豚的最爱。它们会聚集在那里，大吃大喝，猎人正好趁这个机会动手。记住了，猎杀海豚一定要眼疾手快，不然它们就会逃之夭夭。一旦打中，一定要立刻拖上船来，不然它那么大的身体，会很快沉到海底，再想打捞就难了。

里海收到

里海的北部，群居着大量的海豹，因为那里有着大量的冰，海豹可以在那里筑巢。我们这里的海豹宝宝们现在最可爱了。它们刚刚换过了毛，成了深灰色，再变成棕灰色。海豹妈妈们钻出冰窟窿的次数越来越少，因为宝宝们都大了，也该到断奶的时候了。

现在该轮到海豹妈妈们换毛了。它们会到另外的冰块上，和在那里的海豹爸爸们一起换毛。不过现在冰开始融化了，如果破裂的话，它们就会选择重新爬到岸上、沙洲上或者沙滩上，把剩下的毛换掉。

我们这里还是各种鱼的汇集地，像里海鲱（fēi）鱼、鲟鱼、白鲟鱼等，还有很多叫不上名字的鱼。它们是乘着各地的海水旅游到这里的，成群结队地游

几只海豚在水里快乐地游玩

到伏尔加河、乌拉尔河的河口处，汇集在那里，一旦上游解冻，它们就开始忙碌起来，争先恐后地逆流而上。它们要到产卵的地方，也就是它们的出生地。这个地方非常遥远，但是每年到了这个时候，它们都会不辞辛苦地赶来。这让我们明白了一个道理，什么地方才是人类无法割舍的地方？那就是故乡。对于鱼来说，产卵地就是它们的故乡。

你沿着伏尔加河、卡马河、奥卡河、乌拉尔河以及它们的支流走一走，你就明白了一件事情：鱼群想回到故乡也不是那么容易的事情。在这个时候，渔民早已撒下很多渔网，等着捕捉它们呢！

波罗的海收到

现在，我们这里的渔民正忙着呢，他们已准备好去捕捞小鳁（wēn）鱼、小鲱鱼和鳘（mǐn）鱼。在芬兰湾和里加湾，要一直等到河面解冻后，才可以捕捞鲑（guī）鱼、胡瓜鱼和白鱼。

这里的海港差不多都解冻了，装满货物的轮船开始了新的征程，奔向远方，世界各地的船也会光顾我们的海港。冬天即将过去，波罗的海的时代就要来临了！

注意了！我们的无线电连接通讯到此结束。感谢各地的工作人员给我们带来的丰富多彩的报道，让我们在快乐的氛围里结束这次连接，6月22日再见！

我的读后感

读了这期《森林报》，我了解到，在广阔的苏联，由于地理位置不同，虽然同处于春天，但是各地的气候却大相径庭。南方已经是草长莺飞，北方却仍然是大雪飘飘、寒风刺骨。这让我明白了一个道理，做事情要针对不同的问题，进行不同的分析。

打靶场

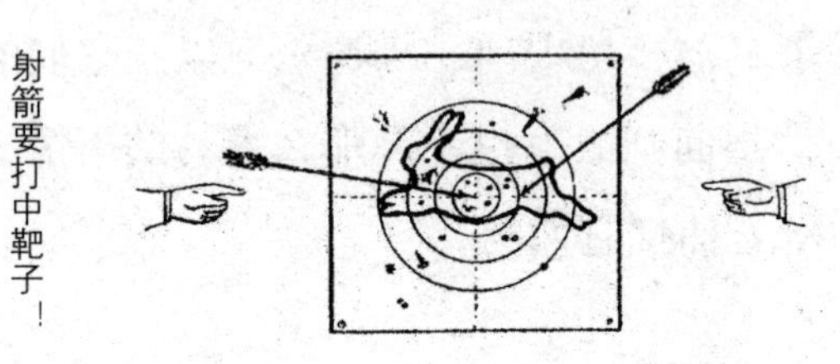

第一期竞答题

1．哪天是森林历中春天的开始？

2．干净的雪和脏的雪，哪种融化得快些？

3．为什么猎人春天不打软毛兽？

4．蝙蝠和昆虫，哪种在春天出现得早？

5．在我们这里的森林中，哪三种花最先开放？

6．在我们这里的森林中，哪种鸟的羽毛在夏天会明显地改变颜色？

7．白色的野兔在什么时间最容易被发现？

8．兔宝宝刚出生时，是睁着眼睛还是闭着眼睛的？

9．右图中这两棵树，你能分清楚哪棵树是在密林中长大的，哪棵树是在旷野中长大的吗？

10．我们这里最小的野兽是什么？

11．我们这里最小的飞鸟是什么？

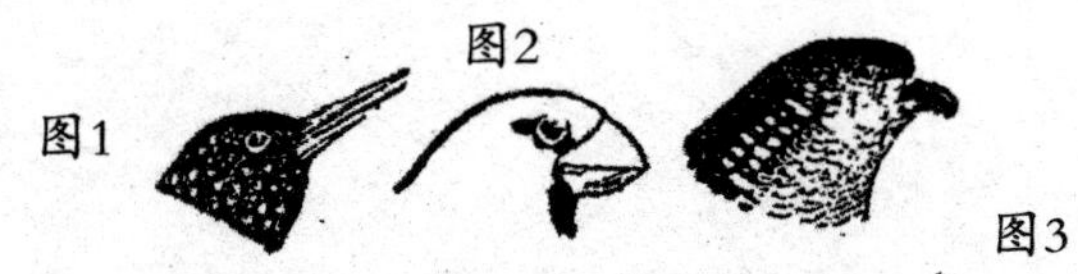

12．上面的图中，画着三种不同形状的鸟嘴，你能分清哪种鸟是吃昆虫的，哪种鸟是吃谷类和浆果的，哪种鸟是以小兽和鸟为食的吗？

13．我们这里的鸣禽中，有一种鸟的雄鸟是黄色的、雌鸟是绿色的，这种鸟是什么？

14．右图中，这棵树中部的树皮被兔子啃光了，那么兔子是如何爬到这么高的地方啃树皮的呢？它们为什么不去啃接近树根部的树皮呢？

15．一年中的哪两天，太阳会待在天空中整整12个小时？

16．什么东西是顶朝下生长的？

17．没生炉，不点柴，你却浑身暖和。（谜语）

18．飞时静悄悄，坐时静悄悄，等到死后腐烂了，这才叫不停。（谜语）

19．黑马拖车跑，跑了一阵子，落下车辕子。（谜语）

20．老妈妈，真是俏，冬天一身白，春天很花哨。（谜语）

21．冬天来取暖，春天化成片，夏天看不见，秋天即将出现。（谜语）

22．什么日子回望是昨天，展望是明天？（谜语）

23．不是树木，头上长枝。（谜语）

公　告

求租房间

我们回来了，现打算求租木板做成的一套小住房。要求：木料结实，板厚不低于2厘米；面积为15厘米×15厘米；房高32厘米；门孔直径5厘米；南向。

——椋鸟

欲求一斜挂小屋，面积为12厘米×12厘米，门宽4厘米。我们不日即将到达。

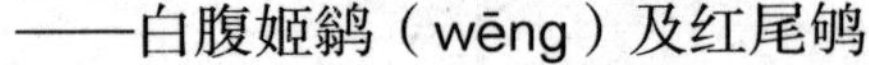

——白腹姬鶲（wēng）及红尾鸲

现求住房一处，要求房内有隔板，面积为12厘米×36厘米，门要开在屋檐下4厘米。

——雨燕

求租木板房一处，面积为11厘米×11厘米，门4厘米，距离地面7厘米。

——白鹡鸰（我们已经到达）

——斑鶲（我们于5月到达）

森　林　报

候鸟回乡月（春天第二月）　　　　从4月21日到5月20日

一年12个月的太阳组诗——4月

4月，冰雪消融的季节！4月，还沉睡在冬的梦境中，却已被柔和的暖风温柔地抚摸。【动词：“抚摸”一词，形象地写出了4月风的特点，温暖又柔和。】天气也改掉了冰冷的面庞，换上了和颜悦色的面纱。

雪水从高山上走来，轻轻地亲吻着两岸的岩石；鱼们欢欣鼓舞，不时地跃出水面。大地上的积雪早已逃得无影无踪，融化的雪水变成溪水，溪水混进了河水，河水壮大，吞噬河水里的浮冰。春水潺潺，在谷地里泛滥开来。

大地快乐地享受着春水和雨水的滋润，兴高采烈地穿上了绿色的外套，【成语：言简意赅地将4月的春天大地生机盎然的样子表现了出来。】外套上面点缀着斑斓的小花。森林还是有点落寞，光秃秃地站在那里，急切地等待着春天的抚摸。其实，在它们的躯体里，浆液已经悄悄地涌动起来，枝头也长出了新芽。

4月的春天，春暖花开！

候鸟归家潮

越冬的候鸟们开始返乡了，从遥远的过冬地，排着整齐的队伍，如潮水般，【比喻：用“潮水”比喻候鸟返乡潮，形象鲜明地将候鸟成群结队的气势表现了出来。】一批又一批地，有秩序地朝故乡飞来。

它们沿袭的是从祖先那里传承下来的规矩，这个规矩存在了几千年、几万年，甚至几十万年，但它们仍然一如既往地遵循着。【成语：准确又简明地写出了候鸟返乡是它们的习性使然。】

最早动身的就是去年最后离开故乡的鸟，最后动身的是去年最先离开故乡的鸟。而最后归来的那些鸟都是羽毛鲜艳的，不是它们不想家，它们是在等这里枝繁叶茂。如果也像其他的鸟一样，天气刚暖和点，到处还是光秃秃的时候就飞回来，它们就危险了，因为很容易被敌人发现。现在，我们这里还不能给它们提供足够多的安全保障，它们还要等一段时间才能回来。

列宁格勒的上空，正好有鸟类长途飞行的一条路线。我们把这条路线称为波罗的海航线。

这条路线从阴冷的北冰洋开始，南到百花盛开、阳光明媚的炎热地方。无数的海鸟或者是海滨附近的鸟，成群结队地在空中飞行，一队接着一队。它们时而俯冲，时而振翅高翔。它们沿着非洲海岸飞，穿过地中海，途经比利牛斯半岛和比斯开湾的海岸，还要穿过一条条海峡，最后飞过北海和波罗的海。

在路途中，它们会遇到无数人们无法想象的灾难和障碍。浓雾像墙壁一样横亘在它们面前，【比喻：把浓雾比喻成“墙壁”，形象地表现了浓雾给鸟造成的困难之大。】变换着诡异的阵形，让它们找不到东南西北。它们只能左冲右突，却不知道前方是什么。是尖利的峭石，是人类的陷阱，还是敌人的守候？它们一无所知。它们只知道两个字——回家！

躲过了迷雾，疯狂的风暴却来了。猛烈的风暴铺天盖地地向它们扑来，【成语：形象地将暴风雨来临时的状态刻画出来，表现了鸟儿们回家路上遇到的困难，也体现出它们对回家的义无反顾。】残忍地折断它们的翅膀，把它们吹向远离故乡的方向，甚至吞噬它们。寒流突然降临，在它们还没有反应过来发生了什么事情的时候，海面已经结成了冰。耐不住寒流侵袭的鸟就这样在饥寒交迫中死去。

在这条航线上，还聚集着大量凶狠、贪婪的猛禽。成千上万的鸟葬送在它们的利爪下。

当然，除了这些，威胁鸟回家的还有猎人，每年都会有大批的鸟死在他们的枪下。

可是，即使这样，也不能阻挡候鸟回家的愿望。它们克服种种困难，向着

自己的故乡飞来！

戴脚环的鸟

如果你不小心打死了一只戴脚环的鸟，你一定记住：取下这只鸟的脚环，寄给中央鸟类脚环佩戴中心。地址是：莫斯科，K–9，赫尔岑大街6号。并请附上一封信，报告你打死这只鸟的时间和地点。

如果你捉到了一只戴金属环的鸟，请你记下它脚环上的字母和号码，然后将其放生。再按照上面的地址，将这只鸟脚环上的字母和号码寄出。而如果是你的朋友遇到这样的情况，请你也告诉他们这样做。

这种鸟的脚环是用很轻的铝制成的，环上的字母表示给这只鸟戴环的国家及相关的科研机构，环上的号码表示科研人员给这只鸟戴环的时间、地点。这些信息都在科研人员那里有存根。

关于鸟的一些常识，科研人员就是通过这种方法考察得来的。

比如，在苏联北方一个遥远的地方，给鸟戴上脚环，那么，即使这只鸟在非洲或者印度的任何地方被捕获，只要捕获它的那个人能按要求将脚环寄出，科研人员就能得到它的信息。

当然，我们这里的鸟不单单飞到南方去过冬，它们还会飞向东方或者西方，有的鸟甚至飞往北方去过冬。科研人员要想探求它们的信息，就得通过这种方式实现。

写一写，练一练

1. 照样子，写词语。

枝繁叶茂：__________　　光秃秃：__________

2. 造句。

点缀——____

遥远——____

森林中的大事

泥泞的道路

站在城边放眼望去，郊区一片泥泞不堪。林中和乡间的小道到处都是泥巴，要是想从中通过，靠雪橇和马车是没有希望的。为了得到一点森林中的消息，我们可是费了不少周折。

埋在雪中的浆果

林中的沼泽里，蔓延着大量的酸果蔓。春天来了，它们都从雪下钻了出来。村落里的孩子特别喜欢这种果子，都跑去摘了吃。他们说，过冬的果子比新结的好吃多了。

昆虫的节日

开花了！柳树开花了！它在风中炫耀着毛茸茸的粗枝条，一副扬眉吐气的样子。【**拟人：**“炫耀”“扬眉吐气”，用形容人物的词语，形象地刻画了柳树开花时的样子。】走过去，仔细瞧一瞧，在每条疙疙瘩瘩的枝条上，都围

绕着一层鲜黄色的小毛毛球。这些鲜黄色的小球就是柳树的花朵。

柳树开花了，这可忙坏了昆虫们，它们喜气洋洋地飞来飞去，像是过节一样。熊蜂嗡嗡地上下翻飞着；苍蝇无所事事地四处乱撞；勤劳的蜜蜂们开始翻动着一根根纤细的雄蕊，忙着采蜜！

蝴蝶也飞来了！瞧，这只雕花翅膀的黄蝴蝶就是柠檬蝶；那只棕红色大眼睛的就是荨麻蛱蝶；还有那里的那只，就是轻轻落在柳树毛茸茸小球上的那只，是长吻蛱蝶。它正用暗灰色的翅膀把小黄球遮了个严实，再用长长的吸管吸食雄蕊深处的花蜜呢！

在这株春风得意的柳树旁，还有一簇稍微矮点的柳树，它的枝条上也开满了花，但它的花却是另外一副模样：灰绿色的小毛球真丑陋。没有几只昆虫在它周围飞舞，比它的邻居惨淡多了！可是你千万不要小瞧这些绿毛球，其实真正结种子的正是它们呢！原来昆虫早把黏糊糊的花粉从小黄球上搬到了绿毛球上，过不了多久，绿毛球那小瓶子似的长长的雌蕊里，就会结出种子来。

巴甫洛娃

柔荑花序

柔荑花序开花了，一片片地散布在河岸上、小溪旁、森林边缘，摇曳在春风里。它们不是从刚刚化冻的泥土里钻出来，而是挂在被太阳晒得暖暖和和的树枝上。

看看白杨树和榛子树上浅咖啡色的小穗，一串串，长长的，那就是柔荑花序。这些柔荑花序就像丝带一样点缀着笔直的白杨树和高大的榛子树。

可不要认为这是新的，它们去年就已经长出来了。整个寒冷的冬天，它们都结实、牢固。现在，它们伸伸懒腰，蓬松松的，迎风舒展着。这时，你在树

柳树开花了，蜜蜂、蝴蝶围着柳树飞舞

下轻轻地摇动树枝，就会飘飘扬扬地撒下黄色的花粉，像是飘洒着黄色的细雨一样。【**比喻**：用“黄色的细雨”比喻花粉，准确地写出了花粉飘落时洋洋洒洒的样子，鲜明生动。】

除了美丽的柔荑花序，白杨树和榛子树的树枝上还生长着别样的花——雌花。白杨树的雌花是一种褐色的小毛球，而榛子树的雌花是肥厚的苞蕾。要是你看得再仔细点，你还会发现一些淡红色的细须从肥厚的苞蕾里伸出来，就像是昆虫的胡须，科学上称它们为柱头。每一朵雌花的柱头数量不一，少则两三个，多则四五个。

这个时候，白杨树和榛子树上还没有嫩叶长出来。自由的风穿梭在树枝间，柔荑花序随风招展，洒下阵阵花粉雨，被风载着，从一棵树飞到另一棵树上。淡红色的柱头将它们收留，这样毛刺刺的雌花就受精了，到秋天，它们就变成了一颗颗榛子。白杨树的雌花也受精了，它们将变成包有种子的小黑球果。

巴甫洛娃

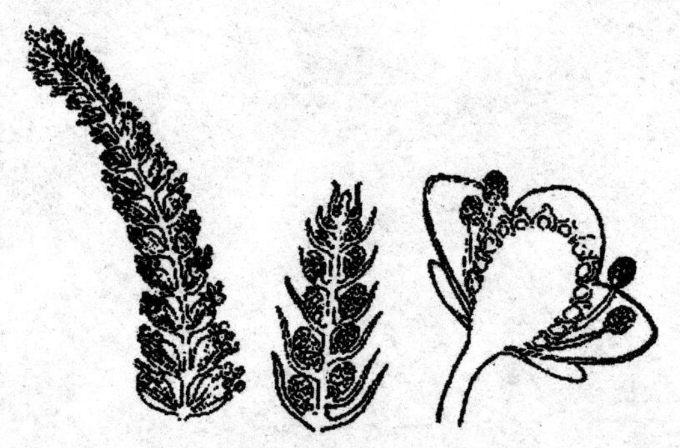

晒太阳的蝰蛇

每天早上，在小树墩上，你会发现毒蝰（kuí）蛇在晒太阳。大清早，它爬起来还很费劲，这是因为天气比较冷，它身体里的血液还是很凉很凉的。晒暖和了之后，它就可以自由地爬行，忙着捉青蛙和老鼠了。

蚂蚁窝的动静

在一棵高大的云杉树下，我们发现了一个大蚂蚁窝。刚开始，我们还以为它是一个落叶堆呢，上面根本就没有一只蚂蚁。

现在，落叶堆上的雪融化了，蚂蚁们纷纷出来晒太阳。沉睡了一个冬天，它们现在非常虚弱。在蚂蚁窝上面，它们紧紧地挨在一起，黑乎乎的一片。

我们禁不住用小棍轻轻地拨弄它们。而它们只是稍微蠕动了下身体，甚至没有力量动用刺激性蚁酸对付我们。不过，你也不要担心，过不了几天，它们晒足了太阳，就可以开始忙忙碌碌地工作了。

还有谁睡醒了

从冬眠中醒来的还有蝙蝠和各种甲虫——扁扁的步行虫、圆圆的黑色屎壳郎、不住吧嗒的叩头虫等。叩头虫可是有自己独特本领的家伙，你只要把它仰面放到地上，它就会把头一磕，“吧嗒”一声，身体在空中翻个跟头，然后稳稳地落在地面上。【❀ **动词：** 几个动词将叩头虫从仰面到俯面时的过程准确地刻画了出来，给人鲜明的形象感。】

蒲公英开花了，随风起舞。白桦树抽出了嫩芽，马上就要长出新叶了。

第一场春雨后，粉红色的蚯蚓钻出来了，羊肚菌和编笠蕈（xùn）等菌类也出来了。

热闹的池塘

现在，池塘也热闹起来了，青蛙离开自己淤泥中的床铺，到水里产下卵，就跳到岸上去了。

与青蛙正相反，蝾螈（róng yuán）从岸上回到池塘里。这个家伙长得有点像蜥蜴，浑身黑中带橙，还拖着一条长长的大尾巴。冬天一来，它就早早地离开池塘，躲到青苔里睡大觉。

癞蛤蟆也醒了，它们是青蛙的本家。它们也产了卵，只是和青蛙的卵有点不同，它们的卵是连成一串，像一条带子似的挂在池塘里的水草上的。青蛙的卵漂浮在水中像一团小泡泡，每一个小泡泡里都有一个黑色的点。

森林清洁员

在漫长的严冬里，许多小动物抵御不了寒冷的侵袭，冻死在森林里，尸体被埋在厚厚的积雪下。现在春天来了，积雪融化了，它们的尸体露了出来。不过也不用很担心，过不了多久，它们就会被清理干净的。熊、狼、乌鸦、喜鹊、埋粪虫、蚂蚁等，都是森林里的清洁员。【**比喻：**用“清洁员”比喻这几种动物，准确地将它们对森林的作用表现了出来。】

春花还是秋花？这是个问题

这个时候，你随便走走，就能看到很多开花的植物：三色堇（jǐn）、荠菜、遏蓝菜、蓼、欧洲野菊等。

你也许认为这些花和雪花莲一样，是春天才开花的。其实你错了。春天来了，雪花莲就从地下钻出头，冒出绿色的梗，然后再努力伸伸腰，就开花了。

但是三色堇、荠菜、遏蓝菜、蓼、欧洲野菊却不这样，它们的花朵傲立于严寒中，勇敢地挑战着冬天的权威。一旦等到头上的积雪融化，春日的阳光洒下来照着它们的时候，它们就又苏醒过来，装点着春日大地，妖娆多姿。【❀ **形容词**：形象地刻画了各种花艳丽多姿的特征。】

你说，这些花算不算春花呢？

巴甫洛娃

白色的乌鸦

在小雅尔契克村小学附近，人们发现了一个奇怪的现象：乌鸦群中有一只乌鸦是白色的。它们生活在一起，并没有什么特别的反应。对这只白色的乌鸦，即使村里最见多识广的老人也没有见过。我们是这所小学的学生，都对这只白乌鸦很好奇，为什么它们生活在一起却相安无事呢？

森林通讯员 波良·西尼采娜葛拉·马斯罗夫

编辑部的回信

针对小雅尔契克村小学孩子的疑问，我们专门请教了相关科学家。科学家认为，普通鸟兽有时会产下全身雪白的小鸟兽，这是它们患有先天性色素缺乏症的原因。

科学家研究发现，色素缺乏症有两种：全身白色；身体部分白色。它们的身体里面缺少染色体，即缺少使羽毛和兽毛染色的色素。其实这种现象在家畜、家禽以及家里寄生的动物里面很普遍，比如白家兔、白色的鸡、白老鼠等。但是在野生动物里面，很少有这种情况发生。

然而，野生动物一旦患上这种病，就很难存活下去。因为它们的父母在它们很小的时候就会咬死它们，即使侥幸存活下来，也会被周围的同伴排斥、迫害。而小雅尔契克村的那只白乌鸦，虽然被同伴接受，但也很难活长久，因为它在森林中太显眼，随时都会被天敌发现而丢了性命。

罕见的小兽

一声啄木鸟的尖叫声打破了整个森林的寂静，我一听到这凄惨的叫声，马上意识到啄木鸟遇到麻烦了。

满怀着好奇，我急忙穿过密林，来到空地上的一棵枯树旁。树干上有个规规整整的洞，那就是啄木鸟的窝。一只罕见的小兽正沿着树干爬过去。真不知道这是个什么东西：灰溜溜的皮毛；短短的尾巴；耳朵又小又圆，跟熊耳朵相似；眼睛很凶恶，像猛禽的眼。【**外形描写**：细致的描写，生动地刻画出了小兽的样子，给人鲜明的印象。】

这个小东西快速地爬到树洞口，贼头贼脑地往树洞里看，好像要偷吃啄木鸟的蛋。

啄木鸟岂能眼看着自己的孩子有危险而不管？于是，它拼命地向小兽扑过去。小兽灵活地向树干后一闪，啄木鸟又紧跟了上去。小兽绕着树干向上爬，啄木鸟也跟着绕圈子。

小兽越爬越高，一直到了树干的尽头，再也无路可逃了。啄木鸟狠命地啄过去，小兽却纵身一跃，滑翔在空中了。

它伸开四肢，飘在空中，像是风中的树叶一样。【比喻：用“风中的树叶”比喻空中飞行的小兽，让人们对非常陌生的小兽有了具体的印象。】它轻轻地左右摇摆着，靠着丑陋的短尾巴控制着方向，越过了空地，飘落到远处的一根树枝上。

这时，我突然明白了，这就是传闻中会飞的小兽——鼯（wú）鼠哇！它的两肋上有皮膜，当它伸开四只小爪，就如同鸟张开了翅膀，可以自由飞翔。我们都称它为森林中的跳伞员，可惜的是，这种小兽太稀少了。

森林通讯员　斯拉德科夫

我的 好词好句积累卡

春风得意　蠕动　妖娆多姿　相安无事　侥幸

自由的风穿梭在树枝间，柔荑花序随风招展，洒下阵阵花粉雨，被风载着，从一棵树飞到另一棵树上。

春天来了，雪花莲就从地下钻出头，冒出绿色的梗，然后再努力伸伸腰，就开花了。

飞鸟传书

春汛来了

春天，森林里很多动物的生活都很艰难。因为春天来了，积雪都化了，河水暴涨，淹没了堤岸，向着陆地涌去，现在许多地方都成了汪洋。

动物死亡的消息不断地从各地传来。据悉，受害最严重的是兔子、鼹鼠、田鼠，还有其他生活在地面或者地下的小动物。到处横冲直撞的春水漫进了它们的洞穴中，【成语：言简意赅地将春水泛滥的情形描写得充满动感。】它们不得不逃离自己的家，另外寻找安全的地方。

小动物们为了逃命，各显神通。

矮小的鼩鼱逃出洞，爬上了灌木丛。浑身湿漉漉地佝偻在上面，焦急地等待着大水退去。它已经饥肠辘辘了，眼巴巴地看着身下奔流的洪水。

当大水漫上来时，鼹鼠差点被闷死在洞里。它从家里逃出来，蹿到水里游起来，向着干燥的地方游去。你可不要小瞧鼹鼠，它可是个游泳健将！它在水

里游了几十米后，终于发现了一块干燥的地方，就飞快地跳上岸。它那油黑的皮毛，要是引来猛禽的注意，就麻烦了。

一跳上岸，它就迅速地钻到地下去了。

来自我们的森林记者

爬到树上的兔子

兔子的境遇太惨了！

在大河中的一个小岛上，住着一只快乐的兔子。每天晚上，它都爬出来，啃小白杨的树皮吃。而到了白天，它就会藏到灌木丛中，躲避狡猾的狐狸和猎人。

春天来了，河水裹挟着冰块向小岛冲来，噼噼啪啪地响，它竟然没有注意到。那天，它正在灌木丛里睡觉，晒着暖洋洋的太阳，舒舒服服的。河水飞快地上涨，直到弄湿了它的毛，它才跳了起来。可是这个时候，周围已经是汪洋一片了。它蹦跳着，向岛中央的高地逃去，也只有那里还是干的了。

河水仍在继续涨着，小岛越来越小。小兔子被逼得东奔西走，寻找着落脚的地方，急得像热锅上的蚂蚁。【✿ **比喻：** 形象地将兔子面对渐渐涨高的河水时走投无路的焦急心情表现了出来。】它不敢跳到水里，汹涌的河水让它望而却步。那么宽的河，它是无论如何也游不过去的。

就这样，它心惊胆战地熬过了一天一夜。

第二天一早，小岛就剩下最后一块土地了，这里长着一棵大树，粗壮的树干上布满树枝。吓坏的小兔子只好绕着树干乱跑。

第三天，河水漫到了树根。这时，兔子真的急了，它拼命地往树上蹦，一次，两次，三次……终于蹦到了树干最低处的一根树枝上，紧紧地攀住，不敢动弹，无奈地看着河水。直到看到河水不再上涨时，它才长长地松了口气。

它暂时还不用担心饿死，因为这棵大树的皮还是勉强可以充饥的，虽然树皮又硬又苦，但这时也顾不上那么多了。现在让它很担心的是风。大风将树枝刮得东摇西晃，让它心里阵阵发寒，好几次差点掉下来。这时的小兔子就像是

攀在桅杆上的水手，桅杆剧烈摇晃，下面又是深不见底的洪水，它心里满是恐惧。

宽阔的河面上，漂着整棵的大树、粗长的木头，还有树枝、稻草、枯叶，甚至还有动物的尸体，浩浩荡荡地从兔子身下漂过。一只兔子的尸体绊在一根枯树枝上，四脚朝天，直挺挺地伸着，随着河水晃晃悠悠地漂来，这可把兔子吓坏了。【**场景描写：**用兔子的视角，将涨水后的惨景细致地展现出来，表现了兔子内心的恐惧。】

就这样，兔子心惊胆战地在树上逗留了三天，水终于退了，它才回到地面上。但是它还是只能待在岛上，等待着炎热的夏天。到那时，河水变浅，形成沙滩，它就可以跳过去，搬到对面的岸上了。

新船客

春水漫过草地，形成了一片片水洼。一个渔夫划着小船，在露出水面的灌木丛中穿梭。他撒下渔网，准备捕捞鳊（biān）鱼。

突然，他看见一棵灌木上有一丛奇怪的棕黄色的“蘑菇”。他好奇地靠近了一点，没想到那丛“蘑菇”竟然跳到了他的船上。原来这是一只浑身湿透、皮毛蓬乱的小松鼠哇！

渔夫把松鼠送到岸边，松鼠欢快地跳下船，一溜烟地钻进了森林中。

没有谁知道这么可爱的小松鼠为什么会出现在水中的灌木丛里，也不知道它在那里待了多久。

意外的猎物

雨后的一天，我们的猎人通讯员悄悄地靠近了一群野鸭。它们待在湖边不远的一丛灌木后面。猎人穿着长筒的胶靴，在漫到膝盖的水中小心地移动着。

猛然，他听到了一阵拍水声从前面的灌木丛中传来，接着一个光溜溜的灰脊背露出了水面。这个奇怪的脊背很长，在水里左摇右摆着。猎人有点害怕，来不及思考，就向着黑脊背连开两枪。那个家伙在水里翻腾了一阵，冒出了很多气泡，就没有了动静。猎人悄悄地蹚过去，发现自己打死的是一条梭鱼，约有一米半长。

这个时候是梭鱼产卵的季节，它们从河里或者湖里，随着春水来到这里。这里的水很暖和，它们就在这里产卵。小鱼从卵里出来后，就会随着退去的春水游回河里或湖里。

猎人毫不知情，要不然，他怎么可能向游到这里产卵的梭鱼开枪呢？因为法律明确规定：禁止任何人在春天猎取游到岸边产卵的鱼——包括梭鱼和其他鱼。

残存的冰块

在冬天，农庄的社员们经常会驾着雪橇经过一条横穿河面的冰道。可是春天来了，冰道就裂开了，成块的冰优哉游哉地顺着河水向下漂去。

这块冰块很脏，上面满是马粪、雪橇的痕迹和马蹄印，甚至还有马掌上的钉子呢！刚开始，漂在水上的冰块还会被岸边的一些鹡鸰关注。它们不时地飞来啄食冰面上的小苍蝇。

后来，河水漫过了堤岸，冰块搁浅在一片草地上。小鱼在这片草地形成的水洼中嬉戏，【动词：形象地写出了鱼在春天里自由自在的样子。】不时在冰块下游来游去。一天，一只黑色的小野兽，从冰旁的水里钻了出来，爬到了冰上面。这是一只鼹鼠。大水淹没了它的草褥子，它在地下再也待不住了，只好浮出水面，爬到这里逃生。不久，冰块恰好被一座土丘挡了一下，鼹鼠麻利地跳上了土丘，挖了个洞后钻进去了。

冰块继续向前漂哇，漂哇，漂进了森林里，一下子撞到了一个树墩上，被挡住了。于是，冰面上立刻就聚集了一大群小动物，它们是来躲避水灾的。它们现在都受到死亡的威胁，个个又冷又饿，发着抖，挤作一团。

还好，水很快就退了。阳光照耀着大地，冰块很快就融化了，只留下了一个马掌钉在树墩旁。小动物们也散开了。

水上运输

河面上漂满了根根原木——河水成了天然的运输工具，把冬天砍伐的树木输送出去。在小河汇入大江或湖泊的这些地方，伐木工人建起了堤坝，把拦住的原木结成木筏，让它们继续向前漂浮。

在列宁格勒的森林里，有许多条小河，其中有不少是流入姆斯塔河的。姆斯塔河又流入伊尔门湖，然后流过宽阔的沃尔霍夫河，再流入拉多加湖，最后流入涅瓦河。

冬天，这里的森林里会有很多伐木工人伐木。到了春天，他们就把这些木材推到小河中。这样，笨重的原木就顺着大大小小的河流开始了愉快的旅行。【拟人：将原木顺水而下说成是旅行，幽默风趣，富有活力和感染力。】一起旅行的还有寄生在原木中的木蠹（dù）蛾，它们也随之来到了我们的城市。

在森林中，伐木工人一点也不寂寞，他们经常会看到一些有趣的事情。一个工人就曾经告诉过我这样一个故事：有只松鼠坐在河边的树墩上，用前爪捧着一个松果啃。忽然，林中蹿出一只大狗扑向它。小松鼠一般都是跑到树上躲避危险的，可是周围却没有一棵树。松鼠把松果一扔，翘起毛茸茸的大尾巴，向河边蹿去。大狗在后面紧追不舍。

正好，河里到处都是原木。松鼠跳到离它最近的一根上，接着一根根跳了过去。大狗也傻乎乎地跟了上去，可是它的腿又僵又长，在原木上直打转。最后它后腿一滑，前腿也跟着一滑，“扑通”一声掉到水里了。这时，原木井然有序地漂来，大狗却再也没有出来。而机灵的松鼠已经跳过了河面的原木，蹿到岸上不见了。

还有一个伐木工人在推原木时，发现一只全身长着棕毛的小野兽。这只小野兽有两只猫那么大，全身胖乎乎地趴在一根漂浮的原木上，嘴里叼着一条大鳊鱼，大口大口地吃着。吃完后，它伸伸蜷缩的身子，美美地打了个哈欠，又滑下水去。这是只水獭。

鱼的冬天

在寒冷的冬天，几乎所有的鱼都会选择睡大觉。

还是在秋天的时候，鲫鱼和冬穴鱼就会钻到河底的淤泥里去冬眠了。鮈（jū）鱼和小鲤鱼都躲到水洼的沙底下去过冬了。然而在长满芦苇的河湾或者湖湾的深坑中，鲤鱼和鳊鱼舒舒服服地躺在里面，密密麻麻地挤成一堆。河越深，靠近河底的水就会越暖和。

有些鱼一冬天都不睡觉，它们在干什么呢？要想知道关于它们的情况，你可以认真地读这一期的《森林报》。

所有上面所说的鱼，现在都已经醒了，它们正忙着产卵呢！

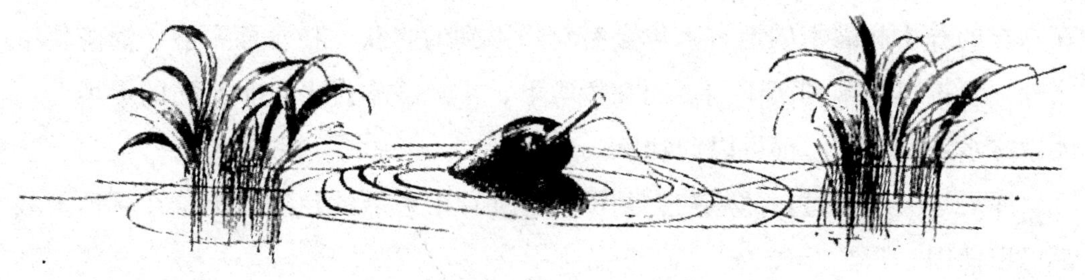

钓钩从不落空

在古代，每逢猎人出去打猎，别人总会对他说："祝你一根羽毛的影子也找不到。"可是却会对去钓鱼的人说："祝你钓钩不落空。"【引用：引用谚语，丰富了文章的内容，增添了阅读趣味。】这是一个很有趣的习俗。

在我们的读者中，有许多钓鱼爱好者。我们增加了这个版块，就是为了给大家一些忠告和建议，告诉大家什么鱼在什么时候比较常见，什么鱼在什么地方比较容易钓到，等等。我们还祝愿所有的钓鱼爱好者都可以"钓钩不落空"。

河水解冻后，你就可以用蚯蚓做饵垂到河里去钓鲶鱼。而当池塘和湖里的冰融化后，你就可以去钓红鳍鱼了，但要带水蛾做饵料，这种鱼喜欢藏在岸边的陈年杂草丛中。再晚一些，就是捉小鲤鱼的时候了。等水彻底清澈起来，渔网、钓竿、鱼叉，以及做饵料的小鱼们就可以登场了。

苏联著名的捕鱼专家库尼洛夫曾经这样说："钓鱼者要做的第一件事情，就是详细了解鱼类在不同季节及不同气候下的生活习惯。只有这样，当他来到湖边或者河边钓鱼时，才能准确找到容易钓到鱼的地方。"【引用：引用捕鱼专家的话，让垂钓者了解鱼类生活习惯的重要性有了依据。】

等到春水退去，被水淹没的河岸又露出来了，河水也变得澄清起来。这个时候是钓梭鱼、硬鳍鱼、鲤鱼和鳜（guì）鱼的好机会。钓鱼的好地方就是河流的交汇处、沟渠入河处、浅滩、石滩旁、陡岸和河湾处。尤其是在岸边有浸在水里的乔木和灌木的地方，你会有意想不到的收获。在水面平静、河湾狭窄之处，鱼钩可以抛到河中间。而在桥墩下，小船或木排上，水磨坊的堤坝上，无论深水还是浅水，都可以钓到鱼。

库尼洛夫还说过："从初春到深秋，那种带鱼漂的鱼竿，无论在哪种水域都可以使用。"

从5月中旬起，适合钓鱼的地方是岸边的草丛里、灌木丛旁，或者1.5米到3米深的河湾里。这时我们就可以用红虫子做饵料来诱惑湖水里或池塘里的冬穴鱼；稍晚点，就可以钓到斜齿鳊、鳜鱼和鲫鱼了。记住了，我们不要总是在一个地方。在一个地方钓久了，鱼就不上钩了。这时我们就要转移阵地，到一旁的灌木丛、芦苇丛或者牛蒡（bàng）丛的空隙中去。要是有小船的话，就更好了。

一旦水流平缓的小河清澈起来，我们就可以在岸上钓鱼了。这时，最好能在陡峭的河岸上，有许多树枝的水洼或者岸边的杂草丛以及芦苇茂盛的河湾边等地方钓鱼。

有时候，这种小河湾和树丛旁不容易靠近，因为河岸泥泞，或者周围有水。可是如果能够穿上长筒靴或者踩着草墩去，把鱼钩抛到牛蒡后或者芦苇丛里，你就可以钓到许多鳜鱼和斜齿鳊。

在河岸边钓鱼是比较讲究的。在这里要仔细选好地方，找没有人钓过的地

方，拨开树丛，把鱼竿伸出去，然后再甩出鱼钩。

如果想钓大鲤鱼，那就要用豌豆、蚯蚓和蚱蜢做鱼饵。鱼竿倒是不用选择，用普通的、带鱼漂的就好，有时也可以用不带鱼漂的鱼竿。

5月中旬到9月中旬都可以用不带鱼漂的鱼竿。

用这种鱼竿可以钓鳜鱼的地方有：大水坑；河流湍急的地方；河流的弯曲处；水面宽，水流缓，经常漂着被风刮倒的小树的地方；岸边有灌木丛的深水塘；堤坝和石滩下。

在石滩和暗礁的水面，可以钓到几种鳜鱼；在水流湍急的浅水湾或石底的河汊处，可以钓到几种小鲤鱼和不太大的鱼。

森林中的战争

森林中许多树木的种族之间，经常发生战争。我们派了几个特约通讯员到阵前采访。

他们最先去的是古老的云杉王国。一棵棵白胡子老战士威严地挺立着。它们都很高大，每棵老云杉都有两根甚至三根电线杆子那么高，抬起头来都很难看到它们的树冠。整个云杉王国都笼罩着一种阴郁的气氛，每一个成员都悄无声息。它们的树干笔直，从根部到树梢都光溜溜的，只是偶尔有些枝条从树干旁伸出来。

这些老战士的头顶布满了针叶的枝条，严严实实地在它们的上头支起了一道严密的防线，【☆ **比喻：**将严密的树枝比喻成“防线”，形象地写出了云杉枝条茂密、阳光难以照射进来的特点。】阳光根本没有办法照射进来。这里又闷又黑，充满了潮湿、腐朽的味道。即使偶尔有小草长出来，也会很快枯萎的。只有灰色的苔藓和地衣乐滋滋地活跃在这个国度里。它们喝着老战士的血——树浆，大肆地缠绕在死去的云杉树上。

这里，没有一只野兽，也没有鸟的歌声传来。我们的通讯员无意中发现了一只孤独的猫头鹰，它是为了躲避灿烂的阳光才来这里的。我们的通讯员不小

心惊动了它，它生气极了，张开角质的钩形嘴，发出瘆（shèn）人的尖叫，还抖起了浑身的羽毛。

没有风的日子里，云杉的国度里一片寂静。即使风不小心从它们中间经过，这些直挺威严的战士也只是矜（jīn）持地抖抖头顶上布满针叶的枝条，发出咻咻的嘘声。云杉是古老森林中最庞大的家族，它们拥有很多高大、强壮的成员。

从云杉王国里出来，我们的通讯员去了白桦树和白杨树的国度。在这里，穿着白外套、戴着绿色帽子的白桦树和穿着银色外套、戴着绿色帽子的白杨树都很热情，窸窸窣窣地鼓起掌，欢迎他们的到来。【**对比：**将白杨树和白桦树的外形进行对比，准确地将它们的特征表现出来。】无数的鸟在枝头欢快地唱着歌，明媚的阳光穿过婆娑的叶子射进来，犹如在林中展开了一幅五彩斑斓的画卷。阳光闪烁着，像是金色的小蛇在跳跃。一圈圈的圆圈、月牙、小星星般的光影在树干上滑动着，像是光的舞会。地面上，低矮的草类家族在绿色的庇护下，生活得很是惬意。我们通讯员的脚下，还不时地蹦出两三只野鼠、兔

子和刺猬。一阵风吹来，这个国度里喧哗声一片，快乐极了。就是没有风来，这里也不寂寞，白杨树抖动着叶子，窃窃低语，不肯停下来。

这个国度里有一条河，河的那一边是荒地，残留着大片大片砍伐的痕迹。冬天里，伐木工人砍伐完了那里的林木。紧挨着这片荒地，又是一片高大的云杉林，像是一堵墙矗立在那里。

通讯员们知道，一旦积雪融化，在这片荒地上，一场战争就会展开。其实，森林中每一个种族的居住地都很拥挤，一旦有新的空地出现，每一个家族都会去抢占。于是，我们的通讯员蹚过了河，在荒地上搭起帐篷，准备观看这场大战。

一个阳光灿烂的早晨，从远处传来一阵阵“噼噼啪啪”的声响，好像机枪对射的声音。【✿ **比喻：** 将云杉树果实炸裂的声音比喻成“机枪对射的声音”，形象贴切，给读者留下鲜明的印象。】战斗开始了！我们的通讯员匆忙向着声音传来的方向跑去。

原来是云杉树首先发起了进攻，它们动用自己最精锐的部队——空军装甲部队来抢占这片空地。太阳炙烤着云杉的大球果，它们一个个捧着大肚子，“噼里啪啦”地炸开了，声音一阵高过一阵。球果外层的鳞片随着噼啪声一个个裂开，从里面飞出了许许多多很小很小的滑翔机，也就是一粒一粒的种子。风托着这些小小的滑翔机，一会儿冲到高空，一会儿落得很低，一会儿又打着旋在空中摇摆，一会儿又翻滚着在空中前进。【✰ **排比：** 接连运用“一会儿……一会儿……”句式，将云杉树种子在空中的不同姿态形象地展现出来，非常有气势。】

每一棵云杉树都结有成百上千个球果，而每颗球果中又藏有100多粒种子。当风吹着这些小滑翔机飞行时，空中就织成了一个庞大的网，最后落在空地上。

但是，云杉树的种子比较沉重，而且只有一个扇形的小翅膀，风就没有办法把它们送到很远的地方，往往是还没有到达目的地就掉下来了。不过，它们自己一点都不担心，只是耐心地等待着，等到刮起大风的时候，它们还会再次

起飞，飞向空地。

这个时候，它们最怕的就是遇到春寒。一旦春寒来了，这些小小的滑翔机就会备受寒冷的折磨，甚至会被冻死。然而，及时赶来的温暖的春雨又会精心地呵护它们。等到大地松软了，这些种子就可以在这里安家了。

当云杉家族大肆地攻占这片荒地的时候，河对岸的白杨树还在开花，它们那毛茸茸的柔荑花序里的种子，刚开始成熟。

再过一个月，夏天就要来临了。

云杉王国里充满了节日的喜庆，它们的树枝上挂起了红灯笼，那是新的球果，而另外稍微晚一点挂的是绿色的球果。云杉换上了新装，深绿色的针叶枝条上，缀满了金黄色的柔荑花序。云杉开花了，悄悄地孕育着来年的种子。

此刻，那些埋到荒地里的种子，喝饱了香甜的春水，一个个都鼓起来了，它们准备着破土而出，变成一棵棵小树苗呢！

然而，到了现在，白桦树还没有开花呢！

我们的通讯员经过讨论，一致认为这片空地将成为云杉树的领地，其他树木错过了这个好机会。

在下一期报道中，《森林报》的编辑希望能收到通讯员们发来的详细新颖的报道。

我的读后感

我非常喜欢这期的报道，它给了我许多收获，印象最深的要数《钓钩从不落空》这篇文章了。它让我明白了，要想钓鱼钓得多，就要提前了解各种鱼类的相关知识。钓鱼是这样，做别的事情不也是这样吗？我一定要好好学习，了解更多的科学知识。

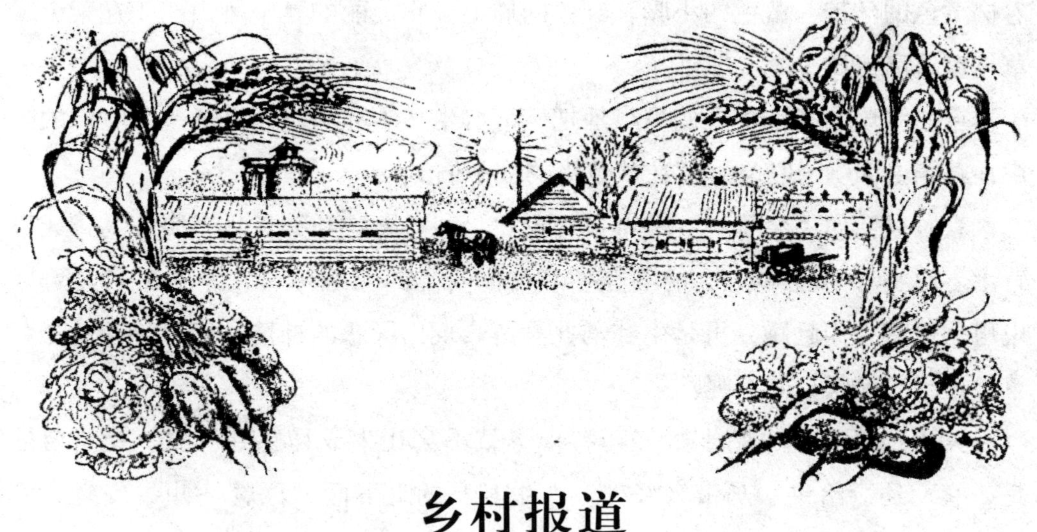

乡村报道

积雪消融，社员们驾驶着拖拉机进了田野。拖拉机可是个多面手，不但能耕，而且能耙。要是套上钢爪，荒地里的树墩也不在话下。

一些黑里透蓝的秃鼻乌鸦飞来了，它们大模大样地跟在拖拉机的后面，摇摇摆摆。灰色的乌鸦和白腰身的喜鹊在田里蹦来跳去。它们都是在寻找拖拉机从地里翻出来的蚯蚓、甲虫和甲虫幼虫，那些小东西可是它们最喜欢的点心。【✿**比喻**：将从地里翻出的虫子说成“点心”，形象地表现出乌鸦和喜鹊对这些小虫子的喜爱。】

拖拉机耙过地后，又拖着笨重的播种机在田里跑起来。选好的种子从播种机的肚子里均匀地撒到地里。最早播下的是亚麻种子，然后是小麦、燕麦和大麦。这些作物都是在春天播种的。

黑麦和小麦已经长出地面几厘米高了。它们是去年秋天播种的，耐过了严寒的冬天，现在正长个儿呢！

每当清晨和黄昏，总会从鲜绿的草丛中传来吱吱的鸣叫声，好像是马车滚过地面的声音，又好像一只巨大的蟋蟀在低吟。其实都不是，而是“田公鸡”——灰山鹑的叫声。它浑身灰色，布满了白色的花斑，两颊和脖子上缠绕着橘黄色的丝带，黄色的小脚，红色的眉毛。它美丽的妻子雌山鹑正在某个绿草丛里筑窝呢！

草场绿草如茵，牧人们早早地把一群群牛、羊和马赶到了这里。它们的叫声在草场上回响，吵醒了正在梦乡里的孩子们。

有时候，你还会看到一些奇怪的现象：一些寒鸦和秃鼻乌鸦骑在马背或牛背上。这些小骑士用自己的嘴在牛和马的身上笃笃地啄着，本来牛和马可以甩甩尾巴将它们赶跑，可是牛和马并没有表现出厌恶的神情，仍然悠闲地吃着草。这到底是怎么回事呢？

其实很简单，小骑士很轻巧，根本就不会让牛或马感到沉重。更重要的是，它们还会给牛、马带来好处。在牛和马的毛下面，藏着一些牛皮蝇、虻的幼虫及苍蝇的卵，这让它们吃了不少苦。寒鸦和秃鼻乌鸦每天在牛、马的背上，就是啄食这些坏家伙的。

毛茸茸、肥嘟嘟的熊蜂早就醒了，【**形容词：**准确地写出了熊蜂浑身茸毛、胖乎乎的体形特点。】嗡嗡地飞来飞去。细腰的黄蜂飞舞着，亮晶晶的，十分招人喜欢。蜜蜂也该出来了！

社员们把藏蜂室或地窖里的蜂房拿出来，晾在养蜂场。蜜蜂们抖动着金色的翅膀，从里面爬出来，在太阳下享受着日光浴。等到身体暖和了，它们便飞向花丛中，采集甘美的花蜜，开始新年的第一个劳动日。

在春天，我们这里要栽种几千公顷的树木，并在许多地方开辟面积为10公顷到50公顷的苗圃。

巴甫洛娃

我的好词好句积累卡

大模大样　蹦来跳去　均匀　缠绕　悠闲

每当清晨和黄昏，总会从鲜绿的草丛中传来吱吱的鸣叫声，好像是马车滚过地面的声音，又好像一只巨大的蟋蟀在低吟。

蜜蜂们抖动着金色的翅膀，从里面爬出来，在太阳下享受着日光浴。

一些寒鸦和秃鼻乌鸦骑在马和牛的背上笃笃地啄着

农庄里的新闻

新城市

昨天，只用了一个晚上的时间，果园附近就建起了一座“新城市”。里面的房子结构整齐，建筑统一。有人说，这些房子不是在原地建的，而是用担架抬来的。

这天，天气暖洋洋的，城市的“居民”都很高兴，纷纷结伴出来游玩。它们盘旋在房子的上空，认真地熟悉着自己家的房屋和周围的环境。

马铃薯的节日

如果马铃薯能唱歌的话，那么你肯定能听到它们最快乐的歌声。今天可是马铃薯的节日：它们要被人运到田里去了。人们十分小心地把它们装进木箱，放到汽车上，向田里运去。

你也许有点奇怪了，平时我们都是用麻袋装马铃薯的呀，今天为什么这样小心呢？原来呀，马铃薯都发芽了。多么可爱呀，短短、胖胖、毛茸茸的芽，个个长得结结实实。芽的下面还长出来许多白色的小凸包——马上就要生根了。芽的上端，可以看到小小的绿叶。

陷阱

在校园里，有一些秋天就挖好的坑，也不知道是做什么用的。平时经常有青蛙掉到里面，大家就以为是专门用来捉青蛙的呢！

现在大家都知道了，这些坑是用来种植果树的。

孩子们在每一个坑里栽上不同的果树，有苹果树、梨树、樱桃树等。为了让这些果树茁壮成长，他们在每一个坑中立起一根木桩，小心地把它们和果树绑在一起。

美甲

农庄的美甲师正在给牛美甲呢！他们把牛的四只蹄子刷洗得干干净净，把它们的趾甲修剪得平平整整。不久之后，这些牛就要去牧场参加宴会了，总要让它们变得漂亮点。

拖拉机的伙伴

田野里，拖拉机日夜轰鸣着，忙着春耕。到了夜里，它们可就孤单了，一个伙伴也没有。可是一到早晨，情况就完全不一样了。成群的寒鸦跟在拖拉机的后面，忙着啄食翻出来的美味，甚至连抬头休息的时间都没有。可是翻出来的蚯蚓太多了，怎么也啄不完。

在小河和湖泊的附近，跟在拖拉机后面的就不再是黑压压的寒鸦了，而是一片白花花的鸥鸟。【✿对比：“黑压压”和“白花花”形成鲜明对比，将地域不同，生活的鸟也不同的特点表现出来。】拖拉机翻出来的蚯蚓和地下的甲虫幼虫，都是鸥鸟最喜欢的食物。

稀奇的芽

在一些黑醋栗树上，长着一些稀奇的芽。这种芽很大，圆圆的。有些芽张开了，像个小球。我们很好奇，就用显微镜仔细观察，却禁不住惊叫了起来！那芽里竟塞满了让人厌恶的生物，长长的身体弯曲着，还蹬着腿呢！

其实这就是可恶的扁虱，正是它们把芽撑得大大的。它们已经在里面度过了一冬。它们可是黑醋栗树最致命的敌人。它们不仅会毁掉黑醋栗树的芽，还会在黑醋栗树的枝上撒下病毒，让黑醋栗树不能结果。

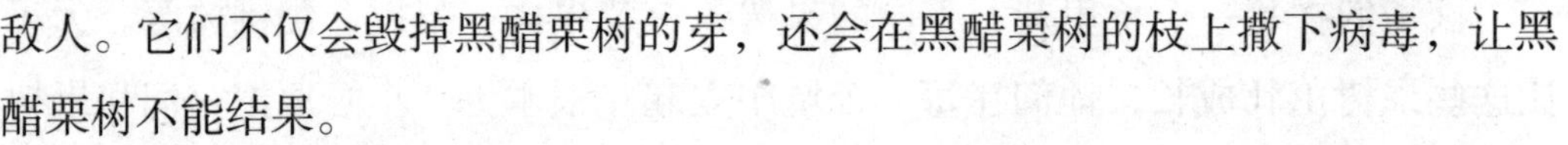

如果黑醋栗树上膨胀的芽不多，那么就可以趁扁虱还没有爬出来，摘下整株芽烧掉；如果太多了，那就只能把整株树烧掉了。

会飞的鱼

“五一”国际劳动节前后，一批鱼“飞”到我们集体农庄。其实，这批鱼是用矮木箱空运来的，它们就是一岁的小鲤鱼。空中的旅行并没有让它们感到不自在，它们个个都很健康，这会儿正在农庄的水池里游泳呢！

写一写，练一练

1. 反义词。

短短——（　　）　　白花花——（　　）

2. 注音。

啄食（　　）　厌恶（　　）

城市趣闻

植树活动

现在，田野越来越广阔。为了保护这广阔的田野，就需要大量的森林，植树造林就成了国家大事，这点，学校的孩子们都知道。这不，六年级A班的同学在教室后面放了一个大木箱子，用来装林木的种子。这就是森林存储器，里面装满了槭（qì）树的种子、白桦树的柔荑花序、坚硬的棕色橡树种子等。孩子们都带来了自己收集的各种种子，有个叫小维加的带来了10千克白蜡树的种子。

到了秋天，我们就把这些送到政府的相应部门，他们会用这些种子开办新的林木培养场。

现在，积雪早化了，大地一天天暖和起来。在列宁格勒的许多城市，盛大的植树周开始了。

学校里、花园里、公园里，还有住宅区和街道旁边，到处都是孩子们忙碌的身影，他们正忙着准备植树。

涅瓦区少年自然科学家试验站准备了几万棵果树的插木，苗圃还准备了两万多棵云杉、白杨树、槭树等苗木，分给了滨海区的各个学校。

列宁格勒塔斯社

布谷和夜莺

5月5日早晨，郊外的公园里响起了一声“布——谷”。

过了一个星期，一个温暖宁静的晚上，灌木丛中突然响起了鸟清脆的鸣叫声。那声音美妙极了，起初是轻轻地吟唱，接着越来越清晰，越来越响亮。最后它们终于放开了嗓子，高声地唱了起来。

最后，大家明白了，是夜莺在唱歌。

公园里和花园里

公园里和花园里的树木都被包围在一层朦胧的绿雾中，仿佛穿了一件轻柔的纱裙。等到树木开始发出新叶时，这层薄雾也就消失了。

一只美丽的大蝴蝶飞入园里，褐色的身体上带着浅蓝色的斑点，翅膀下面微微泛白，像天鹅绒一般。这只美丽的大蝴蝶就是长吻蛱蝶。【✰ **外形描写：** 从颜色、花纹、形态等角度，形象地刻画了长吻蛱蝶的特征。】

又一只蝴蝶飞来了，这是只很特别的蝴蝶，跟荨麻蛱蝶一般，只是略微小了点，全身淡棕色，不是很鲜艳。它的翅膀好像被谁撕破了似的，有个大锯齿。

你要是捉来一只仔细地看，一定会发现它的翅膀下面有一个“C”形的白色字母图案，这个图案很逼真，就像是谁专门做上去似的。也正如此，人们称它为“C”字白蝶（中国名字叫葑蝶）。

不久后，白色蝴蝶——小粉蝶和大白蝶都要飞来了。

七孔怪鱼

在苏联，从西部边境到东部的萨哈林岛，在无数条大大小小的河流中，你都能发现一种奇怪的鱼。这种鱼身体又细又长，乍看上去，你可能认为那是一条蛇在扭动。它的身体两侧并没有长鳍，却在背上和靠近尾巴的地方长着鳍。当它游水的时候，身体向两边扭动，怎么看都像一条爬行的蛇。它的皮柔软光滑，没有鳞片。嘴也不是普通的鱼嘴，而是一个漏斗形的圆洞形成的吸盘。你现在是不是又开始感觉它更像是一条水蛭？【**对比**：将七孔怪鱼与“蛇”“水蛭”作对比，形象地展现了它的形体特征，给人鲜明的印象。】

当地的人叫它七鳃鳗，因为它的眼睛后面、身体的两侧，各有7个呼吸孔，也就是7个鳃。

七鳃鳗的孩子们很像泥鳅。这就让小孩子们有了想法，他们常常会拿七鳃鳗和它的孩子们作为钓饵，钓凶恶食肉的大鱼。

七鳃鳗是个爱旅游的家伙，它经常用吸盘吸附在大鱼的身体上，让大鱼带着自己免费旅游。大鱼也拿它没有办法，怎么翻腾也摆脱不了。

渔民都知道，七鳃鳗还是个大力士。它有时会吸附在水底的石头上，身体不断地扭动、挣扎，最后能把石头搬动。当它搬开石头，就会在石头底下的坑里产卵。因此，人们又给它起了个名字——石吸鳗。

别看它的形象让人产生不了食欲，你要是把它放到油锅里炸一炸，加上点醋，那真是一道美味大餐。

热闹的街道

街道上的夜幕刚落下，蝙蝠们就开始大举进攻市区街道了。它们一点也不在意来来往往的人群，只是盯着自己的目标——蚊子和苍蝇，来进行歼灭性的捕杀。

燕子飞来了，一共有三种燕子在我们这里生活。最先来的是家燕，带着剪刀似的长尾巴，咽喉的位置上有一些火红的斑点。它们通常在郊区的木房子上筑巢。紧跟其后飞来的是金腰燕，它们的样子不是很好看，短尾巴，白喉咙。你经常能在石头房子上找到它们的窝。最后来到的是灰沙燕，它们长得小巧玲珑，灰色的身子，白胸脯。它们崇尚自然，窝巢都建在悬崖上的岩洞里，还会在那里孵出幼鸟。

雨燕总是姗姗来迟。等其他燕子回家后再过很长时间雨燕才会返家。你只要听叫声就差不多能将它们与其他燕子区分开。雨燕的尖叫声往往比其他燕子的刺耳得多，它们还喜欢在房顶上飞来飞去，炫耀那不是很美妙的歌喉。外形上也有很大的区别，它们全身乌黑，翅膀呈半圆形，像一把弯钩。

这时，蚊子也出来了，这可不是好事情，它们叮人的恶习让人人都感到厌恶。

阳光下的雪花

5月20日的早晨，阳光普照，东边的天空蓝蓝的。这样的天气，你想不到

的事情发生了——天空飘起了雪花。雪花在阳光的照耀下，亮闪闪的，萤火虫似的在空中飞舞着。【比喻：将阳光下的雪花比喻成“萤火虫”，形象地写出了雪在阳光下闪闪发亮的样子。】

冬天还是不甘心失败，在做垂死挣扎呢！可惜，你的时代已经过去了，这样的挣扎只是徒劳。就像晴天里的雨，太阳透过雨丝露出笑脸，这样的雨也只会让大地酣畅淋漓地梳洗一下，雪花也只会让森林中的蘑菇生长得更快罢了。你看，那雪花一落地就化了。

我们在城外的森林里遇到了惊喜。那里遍布着满是褶子的褐色小伞——头一批羊肚菌伸直了身子。这可是美味呀！

森林通讯员　维利卡

（摘自少年自然科学家的日记）

飞机上的特殊旅客

飞机马上要起飞了，可是谁也没有想到，这架飞机中的旅客是长翅膀的蜜蜂。原来，这是从高加索请来的客人。800个蜜蜂家庭分乘200间舒适的客舱——用三合板做成的木箱，从库班飞往列宁格勒。

这些旅客享受着优质的服务，人们专门给它们准备了“蜜粮”，让它们一路上有吃有喝。

伊凡钦科

进城的鸥鸟

涅瓦河解冻了，河面上出现了鸥鸟。它们可不管城市的喧嚣和汽笛的长鸣，只知道在人们眼皮底下捉鱼吃，还时不时地嬉戏追逐，从容地过着自己的生活。

当它们累了的时候，就直接落到铁皮屋顶上，晒日光浴，惬意地休息。

公开信

我们听说，我们这里的许多学校的学生都在制作标本。标本的种类很丰富，不但有矿物标本、昆虫标本，还有很多植物的标本。许多学校都希望和我们一起分享这些标本，当然了，我们也会把从世界各地收集来的标本和样品邮递给他们。

现在，我们已经在收集春花的标本了。暑假期间，我们在老师的指导下更深入地了解了故乡的自然情况，同时也为学校收集了很多有价值的标本。我们都希望为学校作出更大的贡献。

假期后，我们回到教室，发现大家都晒黑了。生物老师利用我们收集来的标本，给我们讲了许多新鲜的知识。我们都非常喜欢这样的授课方式。

我们将和其他学校交换我们的珍藏品，那样，我们就能接触到更多的直观教材了。

我的 好词好句积累卡

清脆　姗姗来迟　炫耀　酣畅淋漓　喧嚣

公园里和花园里的树木都被包围在一层朦胧的绿雾中，仿佛穿了一件轻柔的纱裙。

就像晴天里的雨，太阳透过雨丝露出笑脸，这样的雨也只会让大地酣畅淋漓地梳洗一下，雪花也只会让森林中的蘑菇生长得更快罢了。

林中狩猎

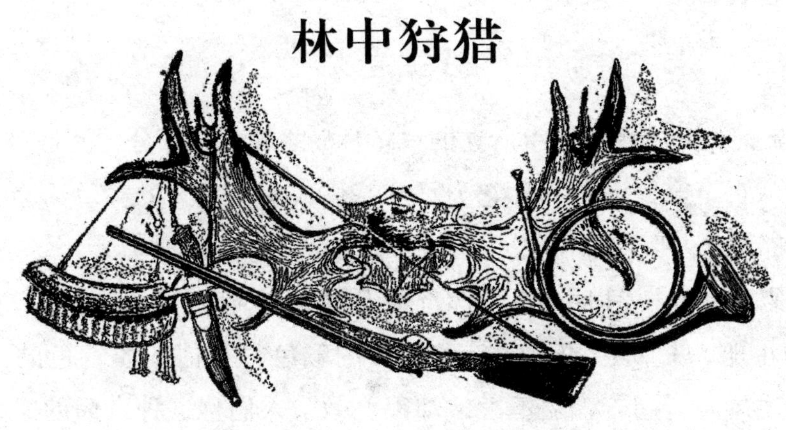

在市场上

这段时间，列宁格勒的市场上热闹非凡，各种各样的野鸭都会集中到这里：浑身漆黑的野鸭，跟家鸭相似的野鸭，大的野鸭，小的野鸭，尾巴像长长的锥子的野鸭，嘴巴像宽宽的铲子的野鸭，还有嘴巴像窄窄的尺子的野鸭。

这个时候，如果外行的妇女去市场挑野味，那就麻烦了。很可能，她高高兴兴地带着野鸭回家，细心地烹调好了，可是家人只尝了一口，就不想再吃第二口了——太腥了！【**对比**：通过外行妇女买鸭时的高兴心情与家人吃鸭时的嫌恶样子进行对比，表明了只有能辨别野鸭特征的人才能买到真正的野鸭。】她买回来的是只专门以鱼为食的潜水矶凫（fú），或者根本就不是野鸭，而是一只潜水鸊鷉（pì tī）。

而有经验的主妇就不会这样，她只要抓住野鸭的小后脚趾，就会一下子

分辨出潜水矶凫和野鸭。潜水矶凫需要到水底捉鱼，所以它的小后脚趾上有块突起的厚茧，而生活在水面的野鸭，它的后脚趾突起处就会薄很多。

芬兰湾上

在涅瓦河口和喀琅施塔得所在的科特林岛之间的这部分，就是美丽安静的芬兰湾。从古至今，渔民们称它为马尔基佐夫湖。春天的芬兰湾会有很多野鸭，猎人都喜欢去那里打猎。

当你来到斯摩棱河时，就会惊奇地发现，在斯摩棱墓场附近，有一些奇形怪状的小船，有白色的，也有和河水的颜色很相似的淡青色的。船底平整，船头船尾向上翘着，船不大，却很宽敞。人们称这种奇怪的船为划子，是打猎用的。

如果你足够幸运，在这里的黄昏时刻能碰上一个猎人，你就可以知道他打猎的路线了。他会把划子推到小河里，把枪和其他东西放到船上，然后撑起舵桨两用的船桨，顺水流去。20分钟后，就来到了马尔基佐夫湖。

涅瓦河早已解冻了，可是河湾里还有大块的冰。划子迎着波澜，飞向冰块。等划子慢下来，靠近了冰块，猎人就跨上冰块。猎人会在自己的皮袄上套一件白色的罩衣，从划子里捉出一只雌野鸭，用绳子拴好，放到水里，把绳子的另一头拴到冰上。雌野鸭叫唤起来，猎人坐上划子，划走了。

不用多久，远处就飞来了一只野鸭，这是只雄野鸭。当它听到雌野鸭的召唤，就赶紧飞来了，可是还没有等它落下来，只听“砰”的一声枪响，雄野鸭就扑通一声掉到了水里。

雌野鸭当然知道自己叫唤的后果，它不停地叫唤着，成了家族里的叛徒。雄野鸭听到它的叫声后，从四面八方赶过来。但它们只注意到雌野鸭，却没有发现冰块旁还有一只白色的划子，划子上还有一个披白色罩衫的猎人。猎人不停地放枪，收获着越来越多的猎物。

天慢慢黑了下来，成群的迁徙途中的野鸭沿着漫长的海岸线飞了过去。太阳落山了，城市的轮廓模糊起来，那里无数的灯火亮了起来。

天黑了，猎人不能放枪了，做了帮凶的雌野鸭也被猎人收回到划子里。猎人把船牢牢地拴到冰上，防止被海浪冲走。他要安排过夜的事情了。

此时，天黑得不见五指，乌云遮蔽了天空。

水上过夜

猎人娴熟地把一个弧形的木架安在了划子两边的舷上，解开了帐篷套到木架上。然后点燃了煤油灯炉子，从湖里舀了一壶水，放到了炉子上烧起来——这里的水是淡水，可以饮用。

天空下起了雨，雨打到帐篷上，噼噼啪啪地响。但是猎人并不担心，因为帐篷是防水的，在里面待着，又干燥又亮堂。炉子里的热气足够让整个帐篷温暖如春。他捧起热茶，边吃东西边犒劳今天立了大功的雌野鸭。过后，他就抽起烟来。

春夜很短，不久天边就泛起了鱼肚白。一道亮光逐渐拉长，变宽。乌云散去，风停了，雨也住了。

猎人从帐篷里探头向外张望，隐约可见黑黝黝的海岸线，却看不到城市的影子，也看不见零星的灯火。原来在夜里，风把冰块带到了大海里。这真是糟糕的事情，划回去要很长时间的。万幸的是，冰块没有和其他东西撞到一起。如果那样的话，不仅划子粉身碎骨，自己也会成为肉泥的。

得赶紧收拾好干活了！

诱捕天鹅

雌野鸭在水面上叫起来，这会儿，它的身边还多了只很大的白天鹅，它们并排在水面上，随着波浪起伏。天鹅并没有出声，因为它是只假天鹅，和雌野鸭的作用是一样的。

一只又一只的雄野鸭游来，猎人一连打了好几枪。忽然，空中传来一种声音，“克噜——克噜！”仿佛远方飘过的喇叭声。接着，一群雄野鸭落在了雌野鸭的身旁。可是不知道为什么，猎人却并没有看它们一眼。

他只是熟练又迅速地往猎枪里装子弹，然后合上手，举到嘴边，吹起口哨来。

就在猎人吹口哨的时候，远处很高的地方，云彩的下边，有三个黑点在逐渐扩大。伴着喇叭似的叫声，黑点也越来越清楚了。现在你可以看清楚了，它们是三只白天鹅。它们缓缓地扇动着翅膀，靠近了冰块，大大的翅膀在阳光下熠熠生辉。【**成语：**简洁明了地将阳光下白天鹅的形态形象生动地展现出来。】

原来，刚才猎人的口哨是模仿天鹅的呼唤哪！现在他不出声了。

天鹅越飞越低，在空中盘旋着。它们在寻找发出声音的白天鹅。它们看到了雌野鸭旁边的白天鹅，以为它受伤了或者是掉队了，于是便飞了过去。

猎人一动不动，目光紧紧地盯着三只白天鹅。它们伸长脖子，时而离猎人近，时而离猎人远。

枪　杀

天鹅又在天空中打了个旋。现在，它们已经飞得很低了，离划子很近，很近。

“砰！”第一只天鹅垂下了脖子，仿佛一根软鞭。

“砰！”第二只从空中打着滚，重重地掉到了冰块上。

第三只冲向了高空，眨眼间消失了。

但是猎人依旧很满足，心里琢磨着，这样的好运气以后很难再有了。

猎人扛起猎物准备回家，不过这也不是一件容易的事情。

现在，马尔基佐夫湖上笼罩着浓雾，十步以外什么也看不到。

但市区里传来的汽笛声时断时续，隐隐约约。猎人琢磨着，不知该往哪个方向划才好。薄冰撞在划子的舷上，发出玻璃碎裂似的轻微响声。猎人慢慢地划着，怎么也划不快。可是，划不快也好，要是撞上大冰块，那就麻烦了。

第二天，安德列耶夫市场上，一个猎人背着两只天鹅。一大群人好奇地打量着天鹅，脸上满是疑惑。

一群孩子围了过来，你一句，我一句地问起来：

“大叔，这是什么鸟哇？从哪里打来的？是不是我们这里的鸟？”

“它们不是我们这里的鸟，它们正往北飞呢，只是路过这里。它们的巢是要筑在北方的。”

“哦，那它们的巢一定很大吧？应该和我们的房子一样大吧？”

而主妇们关心的却是另外的问题。

“请问这位大哥，这鸟可以吃吗？不会有腥味吧？”

猎人无奈地回答着她们，耳朵里响着的却是野鸭扇着翅膀发出的“嗖嗖”声，白天鹅相互召唤发出的喇叭声，还有船底被碎冰撞击时发出的“咔嚓”“咔嚓”的声音……【❀ **拟声词：** 准确地写出了各种声音的特点，更把猎人心有余悸的心理表现了出来。】

这是很久以前的事情了。

现在，每年的春天，仍然会有很多白天鹅飞过我们的城市，从云彩下面传来喇叭似的叫声。只是现在的白天鹅少多了，因此国家明文规定，严格禁止捕杀白天鹅。

至于在马尔基佐夫湖上的野鸭，人们仍然可以猎取。野鸭的数量可是多得很！

我的读后感

虽然我很喜欢《森林报》，但是我读这期的时候，心里却很难过：美丽的白天鹅自由自在地飞翔在空中，却被贪心的猎人打死了。所幸，现在“国家明文规定，严格禁止捕杀白天鹅”。我希望以后能看到越来越多的白天鹅飞翔在云彩下面。

打靶场

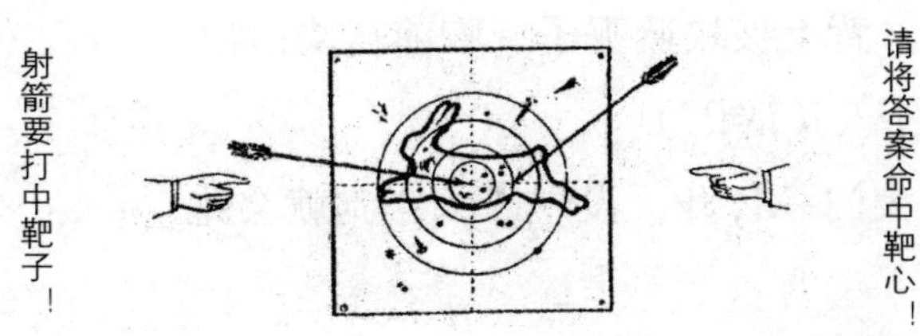

第二期竞答题

1. 穿着黑衣时，蛮不讲理；换上了红衣，温柔体贴。（谜语）
2. 春天最早出现的食用蘑菇叫什么？
3. 为什么秃鼻乌鸦在田里跟在拖拉机后边走？
4. 乌鸦巢和喜鹊巢有什么不同？
5. 哪些蜘蛛被称作“流浪汉”？
6. 雨燕与家燕，谁先飞到我们这里来？
7. 如果没有人造椋鸟房，椋鸟在什么地方筑巢？
8. 为什么秃鼻乌鸦和寒鸦喜欢落在牛和马的背上休息？
9. 为什么家鸭和家鹅在春天忽然会忧愁地叫唤，显得非常不安？
10. 春汛时，哪些鸟受苦了？
11. 春汛时，禁止开枪打哪种鱼？
12. 鸟类和爬虫，谁比较怕冷？
13. 青蛙的舌头，是哪一头牢牢地生在嘴里？

14．右边画着两种鸟的翅膀。一种是住在森林里的鸟的翅膀，一种是住在野外的鸟的翅膀。区分一下，这两种翅膀分别属于哪种鸟。

15．前面看，像锥子；后头看，像叉子；横着看，像个纺线锤子；背上披块蓝呢子，胸前挂块白帕子，说起话来像鬼子。（谜语）

16．没门环的大门一打开，没尾巴的小狗就会跑出来。（谜语）

17．像头黑牛不是牛，六条腿却没蹄子。飞的时候连声吼，落地成挖土能手。（谜语）

18．有个害人精，5月才出门。飞在空中哼哼叫，空闲下来不作声，要是朝它拍一下，它就流出鲜血一命呜呼。（谜语）

19．一个往下浇，一个往里咽，还有一个钻到外面。（谜语）

20．不能地上跑，不会往下瞧，更不会做巢，却会养育无数小宝宝。（谜语）

21．自己一口不吃，却给全世界的人饭吃。（谜语）

22．有了一串小铃铛，开出一串大铃铛。（谜语）

23．没有翅膀但会飞；没有双脚但会跑；没有船帆却会飘。（谜语）

24．四个走路的家伙，两个顶撞的家伙，还有个鞭子似的家伙。（谜语）

公　告

请准备住宅吧

我们的小朋友，著名的捕捉害虫的专家——鸟中的歌星，现在正在寻找孵小鸟的房子。

现恳求读者朋友们能够帮助它们，为它们准备这样的住宅。

在树干上树枝脱落的地方，有一个凹坑，我们很容易把它挖深，变成一个洞。在腐烂的老树干上也很容易挖洞。山雀、红尾鸲、白腹鹟和其他喜欢以小树洞为巢的小鸟都很乐意住这种洞——也包括小猫头鹰和黑色的啄木鸟。对于喜欢在灌木丛里筑巢的小鸟，可以照图1的样子，把灌木的树枝扎成一束。

图1

图2

对于在浅树洞里筑巢的灰色的鹟鸟和红胸脯的欧鸲，要把巢做成图2这样。

对于猫头鹰和寒鸦则需要做成图3这样的卧式树洞。

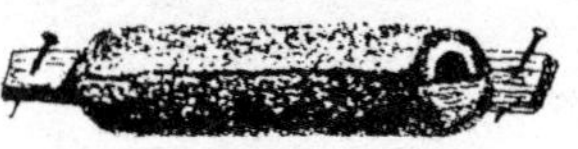
图3

请大家加入赈灾救助协会

请挽救那些被水淹了的兔子、狐狸、松鼠、鼹鼠和其他陆栖动物，参与者将被授予“马扎伊老爷爷奖章”。奖章由少年科学家小组自己加工制作，用金色或银色的纸包在厚纸圆垫上制成。

根据少年科学家小组的决议，金色奖章将颁发给那些曾经挽救过大动物（麋鹿、鹿等比狐狸大得多的动物）的人。

银色奖章将颁发给那些曾经挽救过小动物（兔子、松鼠、鼹鼠、刺猬等）的人。

“锐眼”称号竞赛一

看图说话：谁在飞?

天空中飞过来许多大鸟。怎样才能辨认出它们是什么鸟？

翅膀向后弯着，飞的时候脚在后面，像两根棍子，头和脖子的部分——好像是安在背上的一个问号。这是什么鸟？

图1

这是一只大鸟，脖子很长很长，翅膀在后面，尾巴很短很短，看不见脚。这是什么鸟？

图2

这只鸟和第二只鸟很像，只是小一些，是灰色的，脖子也短一些。这是什么鸟？

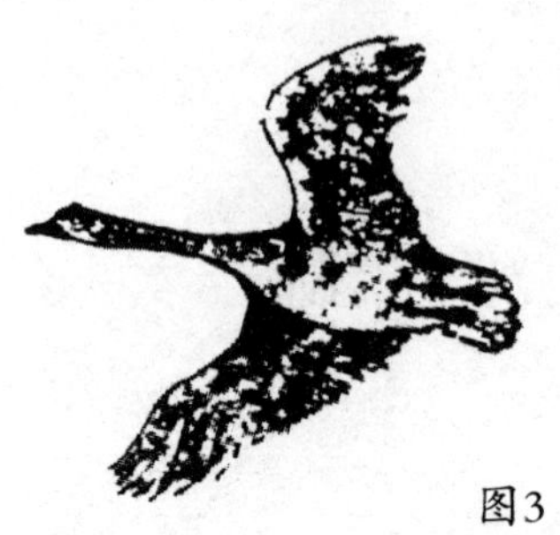

图3

这只鸟的翅膀在中间，前面的脖子像棍子，后面两只脚也像棍子。这是什么鸟？

图4.

谁要是想得到“锐眼”的光荣称号，那么就应该仔细地研究我们登在公告栏里的图画，然后根据它们的特征、痕迹或者标志，认出这些动物是森林里的还是田野里的，是水里的还是空中的。

森　林　报

载歌载舞月（春天第三月）　　从5月21日到6月20日

一年12个月的欢乐诗篇——5月

5月来了，唱歌去吧！跳舞去吧！此时，正是春天给森林披上绿衣的时候。

森林里的载歌载舞月拉开了序幕。

太阳努力地放射着光芒，用自己的光和热彻底战胜了冬天的黑暗和寒冷。在苏联北方，晚霞和朝霞握手言欢，白夜开始了。

此刻，得到了大地和春水的庇护，每一个生命都开始挺直身躯，变得昂扬起来。高高的树木穿上了绿叶做的新衣服，闪闪发光。无数昆虫振动着翅膀，飞舞在空中，用自己的方式表达着对5月的热爱。黄昏的时候，夜里不睡觉的蚊母鸟和蝙蝠，都会出来捕食昆虫，那可是它们的最爱。白天，家燕和雨燕在空中飞翔；雕和鹰盘旋在大地和森林的上空；茶隼（sǔn）和云雀在空中抖动着翅膀，仿佛被云中来的绳索系住了一样。【比喻：形象地将鸟在空中静止不动的形态刻画了出来，让人印象深刻。】没有铰链拴住的大门打开了，从里面飞出了金翅膀住户——勤劳的蜜蜂。【动词：生动地描写出蜜蜂在春天的阳光里，快乐自由地飞翔的情景。】琴鸡在地上，野鸭在水里，啄木鸟在树上，鹬鸟在天上，各自忙着自己的事情。按照诗人的说法：“苏联的5月，所有的生灵都在高歌。肺草从枯叶中钻了出来，替森林抹上了一层蓝色。”

我们还称5月为“啊呀月”，因为5月又暖又凉。白天阳光明媚，晚上“啊呀”一下，就冷了下来。5月的天气，有时候你会感觉树荫下就是天堂，有时候你却要给马铺上稻草，自己爬上火炕。

欢腾的5月

没有不想展现自己勇敢、力量和敏捷的动物。现在的森林里，很少能听到歌声，看到优美的舞蹈表演了。所有动物的牙齿都在发痒，它们都想打架，所以绒毛、兽毛和羽毛漫天飞舞。森林里的居民可是够忙的，这可是春天最后的一个月呀！

夏天快要来了，鸟儿们忙着筑巢和孵卵。

村民说：“春想留在我们的祖国，一辈子守候在这里，可是布谷鸟一叫，夜莺一啼，它就不自觉地倒在夏天的怀抱里了。”

我的 好词好句积累卡

庇护　虚掩　敏捷　漫天飞舞

所有的生灵都在高歌。肺草从枯叶中钻了出来，替森林抹上了一层蓝色。

所有动物的牙齿都在发痒，它们都想打架，所以绒毛、兽毛和羽毛漫天飞舞。

森林中的大事

林中乐队

5月，夜莺终于开始扯开嗓子唱歌了，无论是白天还是黑夜，你总能听到它们婉转的歌声。

孩子们总是好奇地问：难道它们不睡觉吗？鸟在春天忙忙碌碌的，几乎没有时间睡觉。夜莺也是一样，每次只睡一小会儿，而且还是忙里偷闲，【✿成语：准确地写出了鸟儿们即使是睡觉，也只是短暂地休息一会儿。】只在唱歌的间隙休息一下，有时候是在半夜或者中午打个盹就可以了。

森林中的清晨和黄昏，是鸟儿们举行音乐会的时间。这个时候不只是鸟在唱歌，还有其他动物，也在举办演奏会。它们彼此独立地演奏着，各自有各自的曲子，各自有各自的唱法。

燕雀、夜莺和鸫鸟的歌声清脆而纯净，让人陶醉；甲虫和蚱蜢拉着小提琴；啄木鸟打着鼓；黄鸟和小巧的白眉鸫，吹出悠扬的笛声；狐狸和白山鹑叫着；牝（pìn）鹿咳嗽着；狼嗥叫着；猫头鹰“哼哼”着；熊蜂和蜜蜂“嗡嗡”着；青蛙“咕咕”地吵一会儿，又“呱呱”地叫一会儿。

没有好的嗓子也不是很要紧的事情，千万不要难为情，每个动物都会按照自己的爱好来选择乐器。

啄木鸟的乐器就是那些能发出响亮声音的枯树枝，那就是它们的鼓，它们自己结实的嘴就是最好的鼓槌了。

天牛的脖子在“嘎吱嘎吱”地响，这和小提琴曲又有什么区别呢?

蚱蜢翅膀上有锯齿，它们的爪子上有小刺，它们用爪子去抓翅膀上的锯齿，这样的演奏，很少见吧!

火红的麻鳽（jiān）把长嘴伸到水里，使劲一吹，水被吹得“咕噜咕噜”地响。湖水泛起阵阵涟漪。

沙锥最聪明，它能用尾巴“唱歌”，奇怪吧！它飞腾而起，冲向云霄，然后张开尾巴，头向下直冲下来，尾巴带着风，发出“咩咩”的声音。【**动作描写：**“飞腾而起”“冲”“张”等动作，准确地写出沙锥用尾巴“唱歌”的过程，形象生动。】

森林里的乐团不少吧!

花　客

在乔木和灌木丛下，一朵朵金星似的顶冰花早已绽开了笑脸，这让旁边的树木羡慕极了。因为树木现在还是光秃秃的。淘气的阳光畅行无阻地，将自己的影子尽情地挥洒到大地上。美丽的顶冰花沐浴着暖和的阳光，笑开了花。它的快乐情绪感染了旁边的紫堇，于是，紫堇也羞涩地绽开了花蕾。

紫堇可真是漂亮！淡紫色的小花，一簇簇地站在枝头，锯齿般的青灰色叶子，恭恭敬敬地衬托着花朵。这是紫堇的第一批花朵，我们看着别提多高兴了。

顶冰花和紫堇花的时代，随着花的凋谢而过去。越来越浓密的树叶开始遮住阳光，它们很难生长了。但也不要担心，因为它们自己早就做好了“回家”

金星似的顶冰花在光秃秃的树木的映衬下格外美丽

的准备。它们的家在地下，它们来到地面，只是来欣赏一下外面的风景罢了，它们只是地面的过客。只要一播完种子，让孩子浪迹天涯，它们就会深深地扎根到大地中。在地下深处的某个地方，它们的球茎和块茎将度过酷热的夏天、凉爽的秋天和寒冷的冬天。

如果你想带它们回家的话，那就趁花朵还没有凋谢的时候，赶紧动手吧！速度一定要快，还要特别小心，仔仔细细地挖。这种植物白色的地下茎简直长得出奇呢！在土冻得厉害的地方，我们这些小客人的球茎和块茎躺在地下很深的地方。在温暖、有东西遮盖的地方，它们的茎就会向地面靠近。【**对比：**通过温度和地下茎位置的对比，准确地写出了它们的茎的特点。】你把它们移植到家的时候，一定要记住这点。

巴甫洛娃

野地里的声音

同事约我到田地里去除草。我们默默地走着，听见了一只鹌鹑在草丛里向我们喊："去除草！去除草！"【**语言描写：**这里的语言描写形象生动，让人一下子就记住了鹌鹑的叫声是怎样的。】我们忍不住回答它："我们就是去除草的。"可是它对我们的话好像根本没有听进去，只是不停地喊："去除草！去除草！"

我们路过一个池塘，看到许多青蛙在里面。其中有两只大的青蛙从水里露出了头，鼓起了腮帮子，大声地叫着。一只喊："傻瓜！傻瓜！"另一只也大喊："你傻瓜！你傻瓜！"

等我们到了农田里，几只圆翅膀的田凫在头顶上扇动着翅膀，问我们："是谁？是谁？"我们嬉笑着说："我们来自克拉斯诺亚尔斯克村。"

森林通讯员　库罗奇金

鱼的语言世界

我们大概没有听过鱼的声音。其实我们也一直好奇："鱼是怎么沟通交流的呢？”科学家做了调查，并把用录音带录制的声音通过无线电进行广播。顿时，各种不为人知的声音从收音机里传了出来：嘶哑的“啾啾”声，“嘎吱嘎吱”的尖叫声，没有办法形容的呻吟声和哼唧声，独特的“咯咯”声，突然还传来一阵震耳的“唧唧”声，把房间里人的声音都淹没了。人们很好奇，怎么会有这样多的声音呢，而且这么鲜活、生动？

原来这些是来自黑海里的各种鱼的声音。你只要仔细听，就很容易区分，因为每一种鱼都有自己独特的发音方式。

曾经有很长一段时间，我们一直认为水里的世界是寂静的，直到科学家发明了水底音响接收器，我们才恍然大悟，原来海底的世界竟然这么热闹哇！【**形容词：**用“热闹”来形容海底世界，形象地写出了海底世界各种鱼都会发出声音的特点。】这样的发现对人类有很大的意义。我们通过这种设备，可以探知各种珍贵的鱼类在哪里大量地聚集，又会向什么地方转移。这样，我们的捕捞就不用单靠运气了。

天然的屋顶

花朵中最娇弱的就是花粉了。花粉一旦被雨淋湿，那就会完全被毁掉。雨水、露水对它都有害。可是，大自然是奇妙的，花粉有自己天然的保护罩来保护自己。

铃兰、覆盆子、越橘的小花，都像小铃铛一样倒挂着，这样，它们的花粉就有了撑开的保护伞。【**比喻：**用“小铃铛”“保护伞”来形容花的形状，准确地刻画出花的特点和作用，形象生动。】

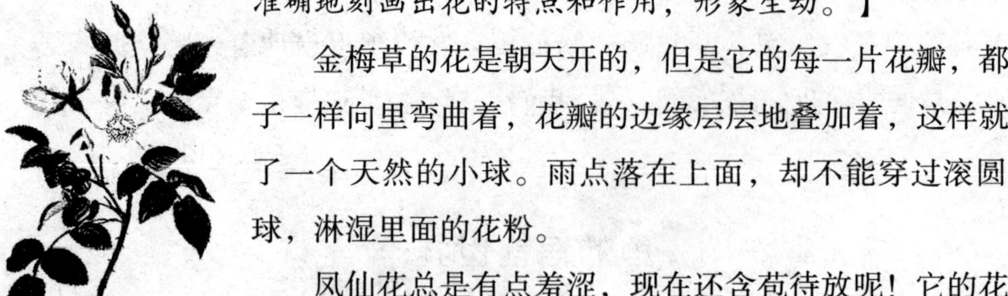

金梅草的花是朝天开的，但是它的每一片花瓣，都像勺子一样向里弯曲着，花瓣的边缘层层地叠加着，这样就形成了一个天然的小球。雨点落在上面，却不能穿过滚圆的小球，淋湿里面的花粉。

凤仙花总是有点羞涩，现在还含苞待放呢！它的花蕾都羞涩地藏在叶子的下面，【**拟人：**用“羞涩”描写凤仙

花的形态，形象地写出了花含苞待放的状态，活泼生动。】真够聪明的！花梗舒适地躺在叶柄上，这样花就正好躲在叶子的底下，就像躲在屋檐下一样。

野蔷薇的雄蕊很多，雨来了，它就紧紧地关闭花瓣大门，把雄蕊保护在自己的怀中。而毛茛（gèn）花是向下垂着的，所以它才不关心是不是下雨呢！

巴甫洛娃

森林之夜

有一位森林通讯员在信里这样对我说："在夜里，我来到森林里，听夜森林的声音。在那里，我能听到各种各样的声音，但是我真的不知道这些声音是哪些动物发出的。所以，我如何向《森林报》报道这个夜森林呢？"我们这样给他回信："那就请你把听到的声音描述出来吧，我们会想办法搞明白那是谁发出的。"

过了一段时间，我们收到了这样的一封信：

"当我来到森林里，听到各种古怪的声音，说实话，都是乱七八糟的。一点也感受不到你们在报纸上所说的那样美妙动人。

"鸟声渐渐地静下来，以至于一片静寂。这是夜半时分了。

"后来，在高处的某个地方，突然传来一种低沉的琴弦声。起初如细丝般微弱，慢慢地，声音又逐渐地响亮起来，越来越响，终于变成宏大的低音。随后，声音又开始变小，最后完全没有了一丝声音。我心里琢磨着：'虽是响的一根弦，但作为前奏曲也将就了。'

"可是，森林里突然传来了一阵狂笑声：'哈——哈——哈！呵——呵——呵！'这声音令人毛骨悚然！【**成语：**言简意赅地表现出森林里的笑声让人害怕。】

"我感觉好像有一群蚂蚁爬过我的脊背。

"我心想：'这是送给刚才那位琴手的吗？——是想笑话它吧！'

"不久，森林再次恢复了静寂。

"后来，我听到好像谁正在给留声机上发条。很明显，那个人上得很卖力，可就是没有音乐声传来。‘也许是留声机坏了吧！’我这样想着。【❀比喻：用“给留声机上发条”来比喻森林中的声音，形象地表现了这种声音的特点。】

“难听的上发条声终于停止了，周围又一次陷入了寂静。我正想好好地享受这难得的轻松，‘吱——吱——吱！’的上发条声又响起了。我的心情坏透了。

“终于，发条上好了。‘接下来该放唱片了吧。’我这样想着，这样可以缓解一下听力的疲劳了。

“忽然，啪啪啪的鼓掌声响起来，热烈又响亮。

“这到底是怎么回事呀？哪里来的这莫名其妙的掌声啊？

“可是，对于我的疑惑和抱怨，森林并没有给我任何正面的回答。上面就是我听到的声音，后来又听到了几次上发条的声音。我彻底失去了信心，一赌气就回家了。”

很明显，我们的通讯员对于那天森林中的音乐会一点也不满意。其实他不应该生气的。

他也许还不知道，自己听到的如低音琴弦似的声音，是一种甲虫发出来的。人们称这种甲虫为金龟子。那个时候，也许金龟子正从他的头顶飞过。

那种令人毛骨悚然的大笑声是一种大猫头鹰——灰林鸮（xiāo）的叫声。它的声音就是那样不招人喜欢，这又能有什么办法呢？

“吱——吱——吱”的上发条的声音是蚊母鸟发出的。它习惯于晚上出来活动，但它并不是猛禽。当然，蚊母鸟也没有留声机，上发条的声音是从喉咙发出的。虽然我们很讨厌那声音，但是它自己可是不觉得难听，还自鸣得意呢！拍巴掌的声音也是它发出来的，当然它没有巴掌可以拍，那是它在空中扇动翅膀时发出的。到底它为什么要这样，既发出上发条的声音，又发出拍巴掌的声音，我们编辑部也不知道，也许它就是自己高兴吧！

游戏和舞蹈

沼泽地上，灰鹤正在举行舞会呢！它们围成一圈，一两只跳得好的在中间领舞，舞会就开始了。

刚开始，大家都还很拘谨，也许是不习惯用两条长腿跳舞吧！慢慢地，气氛活跃起来，大家也放开了，兴高采烈地跳着。它们扭动着身体，细长的腿迈着千变万化的舞步，让观众忍俊不禁。转圈、蹦跳、打矮步，活像踩着高跷在跳俄罗斯舞！【**比喻**：用“踩着高跷跳俄罗斯舞”来形容灰鹤跳舞的样子，非常生动、鲜明。】站在周围的灰鹤拍打着翅膀，节奏倒是把握得很好。

猛禽都是在空中舞蹈和游戏的，而其中最出色的当然是游隼了。它们冲到云端，把那里当成自己的舞台，有着蓝天白云的衬托，它们的舞姿更加优美了。它们时而收起翅膀，从高空俯冲下来，快要接近地面的时候又振动翅膀，扶摇而上，冲向云霄；时而会在高空展开翅膀，悬浮在空中，像是被丝线挂在了彩云之上；时而调皮地在云中翻着跟头，活像一个小丑翻转着坠向地面，做着打滚的游戏。

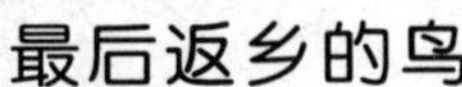

最后返乡的鸟

现在已是暮春时节，最后一批在南方过冬的鸟终于飞回来了。正如我们知道的那样，它们个个衣着光鲜，美丽耀眼。

现在，草场正百花齐放、万紫千红，乔木和灌木也是枝繁叶茂。【**成语：**用“百花齐放”“万紫千红”“枝繁叶茂”来写草场和树木的特点，形象地展现了春天生机盎然的样子。】鸟儿们不用担心猛禽的袭击了，它们可以轻而易举地避开敌人。

在彼得宫里的小河上，翠鸟从埃及回来了。它身着翠绿、棕色、浅蓝的三色礼服，变得精神而漂亮。

黑翅膀的金黄色的黄莺刚从南美洲归来，在丛林里快活地叫着，声音仿佛是悠扬的笛声，又像一只瘦猫在叫。【**比喻：**用“笛声”和“猫叫”来形容黄莺的叫声，生动形象，准确地写出了黄莺声音的清亮婉转。】

潮湿的灌木丛中，蓝胸脯的小川驹和羽毛斑斓的野鹟在觅食。沼泽地上，金黄色的黄鹡鸰在喝水。

粉红胸脯的伯劳，带着软蓬蓬羽毛领子的五彩流苏鹬，还有绿色和蓝色相间的佛法僧鸟，也都飞回来了。

秧　鸡

还有一群家伙很奇怪，虽然有翅膀，却几乎是徒步从非洲赶回来的，这就是秧鸡。秧鸡起飞很困难，不但飞得慢，而且还容易被鹞鹰和游隼抓住。但是

它们跑得奇快，可以轻松地躲藏到草丛和灌木中，避开敌人。只有到了无路可走且夜深的时候，它们才会张开翅膀飞行。

现在，秧鸡经过长途跋涉来到了我们这里。你听，草丛中和灌木里传来了它们的叫声。但你如果想把它们从草丛里赶出来，仔细看看它们长什么模样，那成功的概率几乎为零。

哭泣的白桦树

暮春时节，万物复苏，都笑吟吟的，只有可怜的白桦树在哭呢！【**对比：**万物的笑和白桦树的哭形成鲜明对比，生动地写出了白桦树的遭遇，让人倍感同情。】

在刺眼的日光下，白桦树树干里的汁液奔流，从树的内层流到树的外皮，最后会流到人们的嘴里。

白桦树的汁液很好喝，残忍的人们发现了这个秘密，便割开白桦树的皮，把汁液引到瓶子里，供自己饮用。

这可苦了白桦树，如果汁液流完，自己也就枯死了。因为树的汁液就像是人体里的血液，没有了血液，就不能活了！

松鼠开荤

秋天，松鼠藏起来的松果、蘑菇，在冬天都被吃了个干干净净。现在，春天来了，它们也不再屑于吃那些素食，要开荤了。

在这个季节，许多鸟已经在自己的新巢穴里产下蛋，有的已经孵出了幼鸟。松鼠很喜欢把这些当成食物，它们会迅速地在树枝或树洞里找到鸟巢，掏出鸟蛋或抓出幼鸟美餐一顿。

这些平素乖巧可爱的小家伙，在破坏鸟巢方面，比那些猛禽要利落得多！

稀有兰花

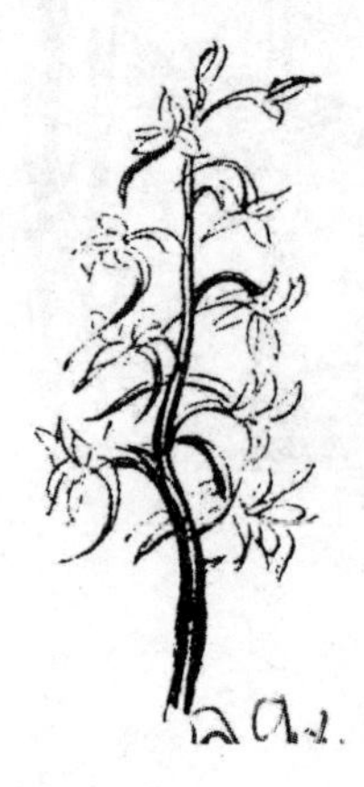

这里生长着一种兰花，在我们北方，它可是个稀罕物。你看到这种花，会很容易想到另外一种生长在热带森林里的兰花珍品——奇兰。不同的是，奇兰长在树上，我们的兰花却长在地上。

我们这儿有几种兰花的根很特别，像小孩胖嘟嘟的小手，张着5个手指。【❀ **比喻**：把兰花的根比喻成“小孩胖嘟嘟的小手”，形象地写出了兰花根肥嫩的特点。】它们开的花有的很漂亮，有的逊色一点，但无论哪种兰花，花香都很让人陶醉。

我曾经看到过一种兰花，在罗普萨，那是我见过的兰花中最出色的一种。我原来从没有见过。它长得非常特别，一株之上有5朵大花，热烈地开着。我刚扶起其中的一朵，又厌恶地缩了手，因为一只褐色的怪苍蝇躲在花上。我拿了麦穗想拨走它，可是它却一动也不动。仔细一看，原来它不是苍蝇，是个貌似苍蝇的家伙。它的身体如天鹅绒一般柔滑，上面点缀着浅蓝色的斑点，两侧还有毛茸茸的短翅膀，头上一对触须。它真的不是苍蝇，而是花的一部分。所以人们称这种花为蝇头兰。

浆果熟了

向阳的山坡上，草莓熟了，红红的，鲜艳极了。【✰ **形容词**：用“红红的”“鲜艳”来描写草莓的颜色，写出了草莓诱人的外形特点。】信手摘一个放到嘴里，香甜的味道立即溢满口中，让人久久不能忘怀。

而沼泽地上，这时是云莓的天下，它也马上要成熟了。还有覆盆子，这个时候也要成熟了，它的枝头结的浆果很多。与覆盆子不同的是，草莓枝上的果实就要少得多了，每棵上面最多有5个浆果；云莓更少，只在茎的顶端结一个，甚至有的时候连一个都没有。

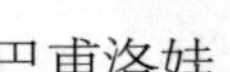

巴甫洛娃

这种甲虫叫什么

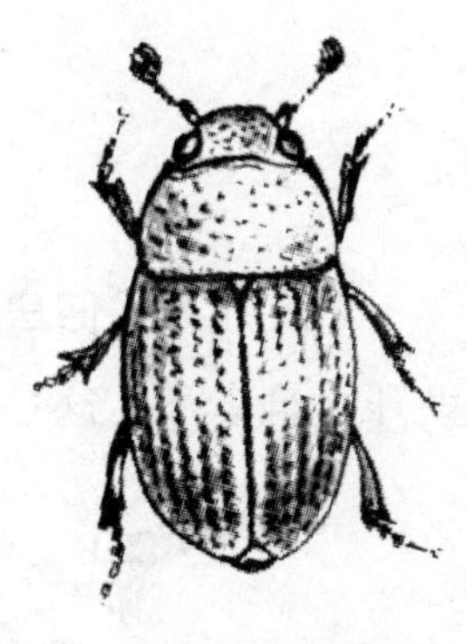

我遇到了一种甲虫，却不知道它叫什么名字，更不知道该喂它什么东西。

它的样子和瓢虫很相似，只是瓢虫的外套是红色的，点缀着黑点，这个家伙却是通体漆黑。圆圆的身体，比豌豆大一点，【对比：通过和瓢虫的身形、外形特征作对比，准确地刻画了这种甲虫的特点，简洁形象。】这么小的家伙却有6只脚，还会飞。它的背上有两个黑色的硬翅膀，下面藏着一对黄色的软翅膀。

它的样子很可爱，一旦遇到危险，先是把爪子往肚皮底下一藏，再把头和触须一缩。这时你要是把它放到手里，你怎么也不会认为它是甲虫，而是感觉它更像一粒黑色的水果糖。等过一会儿，它发现没有人碰它，就会把脚、头和触须伸出来。

它是什么甲虫？我恳切地希望您回答我。

柳霞（12岁）

来自编辑部的回答

感谢你能够这么详细生动地描述这只小甲虫。通过你的描述，我们能够确定它就是阎甲。它爬行的速度很慢，很像乌龟。一旦遇到危险，它就会像乌龟那样，把头和脚缩到甲壳里。它的甲壳很大，大得足够容得下头、脚、须。【对

比：通过和乌龟作对比，形象地写出了阎甲的特点，把读者觉得很陌生的阎甲写得一下子令人熟悉起来。】

阎甲种类繁多，除了黑色的，它的同伴还有其他颜色的，都是主要以粪便和腐烂的植物为生的。

其中有一种长着细毛的阎甲，它的身体是黄色的，是蚂蚁的好朋友。它总是住在蚂蚁窝里，自由地出入，没有任何约束。蚂蚁也不会打搅它的生活，在保护自己的窝不受侵害的同时，也保护它的室友不受敌人的危害。

燕子的窝

5月28日

今天，在我们房间对面邻居家小木屋的房檐下，一对燕子飞来了，并在那里开始筑巢了。这是多么让人高兴的事情啊！这次，我终于可以仔细地观察燕子搭建它们的小圆房子的全过程了，还可以知道它们什么时候孵蛋，怎么喂养小燕子。这些都是我期盼了很久，一直想知道的事情。

这样，我开始每天观察燕子的活动情况。通过观察，我知道了燕子是从村庄里的小河边寻找筑巢的材料的。它们飞到岸边，用嘴衔起小块的泥巴，飞回屋檐下，粘到墙上，【**动词**：一系列的动词，准确地写出了燕子筑巢的过程，表现了它们劳动的辛苦。】就这样，它们轮流着，一点点地筑起巢穴。

5月29日

燕子在屋檐下筑巢的事情，不仅吸引了我，还吸引了隔壁一只粗野的大猫。这个家伙是我们这一带的流浪汉，时常在街上的垃圾堆里觅食。一身灰毛胡乱地黏在身上，右眼在打架的时候被敌人抓瞎了。【**外形描写**：通过描写野猫脏兮兮的外形特征，一只流浪猫的形象呼之欲出。】

小木屋的屋檐下，一对燕子在筑巢

这次它发现了燕子在筑巢，肯定是乐坏了。它爬到屋檐上，时不时地张望着燕子忙碌的身影，好像很关注燕子的新家完工了没有。

燕子看到这个家伙，惊慌起来。它们被猫吓坏了，不敢继续筑巢了。我心里担心起来，燕子不会离开吧？

6月3日

这几天，燕子的新家已经搭建好了底座。这个底座像一把镰刀。粗野讨厌的大猫经常来到房顶吓唬燕子，严重妨碍了它们的工作。

森林中的战争（续篇）

不知道你们是否还记得，上期《森林报》中，我们的森林通讯员在采伐地的荒地里写过的专稿。从那天开始，他就没有离开那片荒地，而是一直等在那里，希望看到小云杉破土而出，荒地变成绿地。

几场雨后，采伐地真的泛青了。可是仔细地看看，却发现从土里钻出来的不是小云杉，而是些不知道名字的植物。

这些钻出地面的都是生命力顽强的草类家族，它们赶在云杉前破土而出。瞧瞧那些莎草和拂子茅，生长得又快又密，虽然小云杉拼命地挣扎着往外钻，可还是晚了一步，采伐地已经被野草大军攻陷了。

第一场大战就这样发生了。小云杉伸开树梢，拨开头顶上密密麻麻的野草。野草也不甘示弱，狠命地压住小云杉的树梢，不让它们向上生长。【**动词：**通过“伸开”“拨开”“压住”等动词，形象地展现了小云杉和野草之间的战争十分激烈的景象。】

地面上的战斗激烈地进行着，地下的战斗进行得同样激烈。野草和云杉树的根在地下死命纠缠，互相缠绕，彼此捶打，争得你死我活。它们的目的就一个，夺取地下甘甜的水源和肥沃的土地。在这场没有硝烟的战斗中，不知道有多少小云杉还没有来得及见到阳光，就已经被勒死在地下。草根是那样柔韧而又结实，在地下结成了一张密集强韧的网，围堵着小云杉。【比喻：将地底下盘结的草根比喻成“网”，形象地刻画出草根的特点：柔韧又无处不在。】

有些小云杉，千辛万苦地钻出了地面，也没有逃脱野草的纠缠，被难缠的野草紧紧地缠绕着。它们努力地想挣脱，可是很难划破密实的草网，最后因见不到阳光死去了。

战斗异常残酷，有些幸运的云杉爬出了野草的围堵，沐浴在阳光里，随风舞动，享受着胜利的喜悦。

在采伐地的战斗进行得如火如荼的时候，对岸的白桦树才刚刚开花，而白杨树已经做好了远征的准备，要在河对岸登陆了。

白杨树的柔荑花序张开了。每一个柔荑花序里都会飞出几百个白色的毛茸茸的小种子，像是一个个张开伞的小伞兵，飘荡在空中。【比喻：用“张开伞的小伞兵”来比喻白杨树毛茸茸的小种子，形象贴切，给读者留下深刻的印象。】风轻轻地抓住小茸毛，带着这些小伞兵开始了旅行。它们穿过河流，来到了河的对岸。这时候，风就轻轻地松开手，小伞兵们就散落到采伐地上，有的还蔓延到云杉的王国里。等第一场春雨来临，它们就会来到地下，和泥土混在一起，从地面上消失。

日子一天天过去了，采伐地的战争仍在进行着。这时蛮横的草类家族已经无法和云杉家族抗衡了。虽然它们努力地伸直腰，但是怎么也超不过身旁的云杉树。云杉树现在可以尽情地享受风的抚摸、阳光的沐浴、大地的滋养，再也不会在意草族的威胁了。

草族开始感到死亡的恐怖了。云杉树张开了它们的叶子，笼罩在野草的上空，抢走了所有的阳光。浓密的树荫下，失去阳光照耀的野草软绵绵地趴在地上，苟延残喘着。【成语：言简意赅地写出了失去阳光照耀的野草濒临死亡的样子。】

这时小白杨刚刚钻出地面，面对陌生的世界显得局促不安。它们凑到一起，颤颤巍巍的。它们来得太迟了，根本没有力量对抗强大的云杉树。

面对新生的白杨，云杉并没有丝毫的怜悯。它们伸开黑漆漆的针叶树枝，

遮蔽了阳光的照耀。浓荫下，小白杨衰弱得很快，过不了几天就会枯萎。白杨是离开了阳光就不能活命的植物。

就在强大的云杉即将庆祝胜利的时候，又一批新的伞兵空降到了采伐地上。它们是乘着两只翅膀的小滑翔机飞来的。【**比喻**：将白桦树的种子比喻成“小滑翔机”，准确地刻画了它们有两只小翅膀的形象特征。】它们一来，就和泥土搅和到了一起。这些伞兵是白桦树的种子，它们打打闹闹地飞过河流，散布到采伐地上。

不知道它们能否斗得过强大的云杉王国，最终谁又是这里的王者呢？

更多精彩的战斗报道将见于下期《森林报》，敬请关注。

写一写，练一练

1. 选词填空。

恍然大悟　　豁然开朗

经过小明的提醒，我（　　　），原来是自己弄错了。

在老师的指导下，我的心里（　　　）。

2. 照样子，写词语。

颤颤巍巍：________　　黑漆漆：________

乡村报道

5月是村民非常忙碌的一个月。这个月里要做的事情很多：播撒完种子，就得把粪土和化肥运到田里，然后又要准备秋天播种的耕地。做完这些，是不是该休息一下了？还不行，菜园里的活也该做了。【设问：设问句式更突出了5月是十分忙碌的月份，除了田里有活，菜园里也有活。】首先马铃薯该栽种了，随后还要种植胡萝卜、黄瓜、芜菁（wú jīng）和甘蓝。这时亚麻也长起来了，地里的草也要除了。

这个时候，即使是小孩子也不能闲着。田野里、菜园里、果园里到处都能看到他们忙忙碌碌的身影。他们已经是大人的好帮手了，帮着大人们栽种，除草，修剪果树枝。他们还用白桦树枝编白桦帚，要编好一年的用量，还要拔嫩荨麻。嫩荨麻是做菜汤用的，那可是一道美味。孩子们还会捕鱼：用钓竿钓小鲤鱼、斜齿鳊、铜色的鲑（guì）鱼、鳜鱼、鲈鱼、鳊鱼等；布下鱼簖（duàn）和鱼梁捕鳕鱼和小梭鱼；用鱼饵捉鳜鱼、梭鱼和鳕鱼等。

这个时候是孩子们最快乐的时光，他们用捞网捕捞各种各样的鱼。夜里，他们会在靠近岸边的地方布下捉龙虾的簖，坐在篝火旁，等着龙虾上簖。等差不多了，才会去捉。在等的时候，他们聚在一起，讲各种各样的故事。

现在，已经不能在黎明时分听到雄山鹑在庄稼地里尖叫了，因为它的旁边就是自己的巢，雌山鹑正卧在里面孵蛋呢！如果不小心弄出了动静，招引来敌人可就麻烦了。耳朵灵敏的大鹰会飞来的，狐狸也时刻等着，孩子们的手也会痒痒的。他们可都是破坏鸟巢的行家呀！

农庄里的新闻

绵羊理发

在红星集体农庄的绵羊理发室里，10位经验丰富的剪毛工人正在用电推子给绵羊剪毛。他们就像给绵羊脱衣服一样，把它们全身的毛都剪下来。

当人们再把剪完毛的绵羊妈妈们送到小绵羊身边的时候，小绵羊都哭泣起来，在羊圈里转来转去，“咩咩”地叫着，不知道谁才是自己的妈妈。被剪去毛的绵羊妈妈，小绵羊已经无法辨认出来了。人们帮着每一个小绵羊找到了妈妈之后，才会继续给下一批绵羊理发。

越来越大的家族

今年春天，刚刚出生的小马、小牛、小绵羊、小山羊和小猪越来越多，我们都不知道到底有多少了。

昨天一夜的工夫，我们小河村的小饲养家们的牲口群就扩大了4倍。原来只有一只山羊妈妈库牟希加，现在增加了3个宝宝：库加、牟札和施加利克。

助人为乐的逆风

我们收到了一封来自亚麻田地的求救信。在信里，小亚麻抱怨田里出现了大量的杂草。这可是它们的敌人，杂草总是抢占亚麻温暖的阳光和甘甜的河水，这简直要了它们的命。

农庄决定马上派一批能干的女庄员去帮助亚麻，铲除杂草。她们来到田地，脱了鞋子，光着脚，小心翼翼地顶着风走，【成语：形象地刻画出女庄员对亚麻幼苗的爱护。】唯恐踩到亚麻。亚麻不时地弯向地面，要是逆风吹来，它们就能挺直腰板，昂起头，这样，庄员们就容易铲除杂草了。

第一次放风

今天，我们庄员把一群最小的牛犊放到牧场里，这是它们第一次到牧场，它们可高兴了，撅着尾巴，撒着欢地奔跑。

果园·花园

现在，果园里一派繁花似锦的景象。草莓已经开过花了；樱桃树上开满了雪白的花朵；梨树的花蕾也急不可待地吐出了花骨朵；【成语：言简意赅地写出了梨花在春天里急着开放的样子。】苹果树也着急起来，不过，也用不了几天它就要绽放了。

搬　家

昨天，番茄的秧苗搬家了。番茄是南方的品种，所以它们以前住在温室里，现在需要给它们换一个环境，把它们搬到池塘边上。它们对自己的新家非常满意。这些长得结结实实的家伙正准备开花呢！它们的邻居——黄瓜秧还躺在白色的封套里，只露出一个小鼻尖。大地妈妈对这些孩子爱护有加，可不允许那些贪嘴的鸟啄食自己的宝贝。就是不知道黄瓜秧什么时候能长大，追赶上

牧场里，小牛犊在撒欢

番茄秧啊！

给六只脚的朋友帮忙

谈论起农业生产中的昆虫，我们很容易就想到那些迫害庄稼的害虫，却想不到其实还有很多六只脚的朋友们。它们为了庄稼的健康成长，正在田里辛苦地工作呢！就说给植物授粉这件事，蜜蜂、熊蜂、甲虫、蝴蝶等六条腿的朋友们，为我们种植的黑麦、荞麦、亚麻、苜蓿（mù xu）、向日葵等作物授粉，忙忙碌碌地把花粉从一朵花传输到另一朵花上。

虽然它们很忙碌，但是这些小劳动者的力量还是很有限的，许多庄稼不能得到足够的花粉。这样，我们就只好亲自帮忙了。我们用的授粉工具是一根长绳子，两个人拉着，从开花植物的梢头拖过去，把梢头压弯，这样花粉就从花上落下来，在风的帮助下飘到整个田地里，或者粘到绳子上，再被抹到其他花上。给向日葵授粉的方法有点特别：我们会把花粉采集到一张兔皮上，然后把这张兔皮上的花粉扑到所有正在开花的向日葵的花盘上。

我的 好词好句积累卡

小心翼翼　　繁花似锦　　急不可待　　忙忙碌碌

它们可高兴了，撅着尾巴，在野地里撒着欢奔跑。

大地妈妈对这些孩子爱护有加，可不允许那些贪嘴的鸟啄食自己的宝贝。

城市新闻

麋鹿进城

在5月31日的早晨，有人在列宁格勒梅契尼科夫医院附近发现了一只麋鹿。这样的事情已经不是第一次了，最近几年，经常有麋鹿来到市区。人们猜想，这些麋鹿可能来自符谢沃罗德区的森林。

鸟说人话

有个人来到我们《森林报》的编辑部，向我们反映了一件奇怪的事情：

那天，他正在公园散步，突然，听到旁边灌木丛里有个声音问："特利希卡，薇吉尔？"（看见特利希卡了吗？）那声音很响亮，而且很执着。他惊奇地向四周张望，一个人也没有，只看到一只浑身通红的小鸟，站在灌木丛上。他很奇怪，心里正琢磨着："难道是它发出的叫声吗？这是只什么鸟呢？为什

在城市街道的医院附近出现了一只麋鹿

么叫得这样清晰？”那鸟又叫起来：“特利希卡，薇吉尔？”那人更纳闷了，走过去，想弄明白是怎么回事。没想到那只鸟一溜烟地钻到灌木丛中不见了。

经过我们的调查，那个人看到的鸟叫红雀，是来自印度的一种鸟。它的叫声尖厉、刺耳，听起来好像在问什么。听到它叫声的人，都会按照自己的意思理解那叫声。有人理解成“看见特利希卡了吗？”有人理解成“看见格利希卡了吗？”

来自海里的客人

海洋里的鱼类很多，有些鱼却会到河里产卵。孵出来的小鱼，又会从河里返回大海。

但是在大西洋深处的海藻里，有一种鱼很特别。它在深海出生，等到稍微长大一些，却游到河里去生活。你也许没听说过这种鱼吧！其实这一点也不奇怪，因为这种鱼只有在很小的时候才住在海洋里，这个时候它叫小扁头，整个身体都是透明的，你可以透过肚皮看到它的肠子。它的腰身扁扁的，像一片叶子。长大后，它就变得很像蛇了，你就再也认不出来了。【**比喻：**将小扁头鱼比喻成“叶子”和“蛇”，形象地写出了这种鱼在各个生长时期的不同形态特征。】

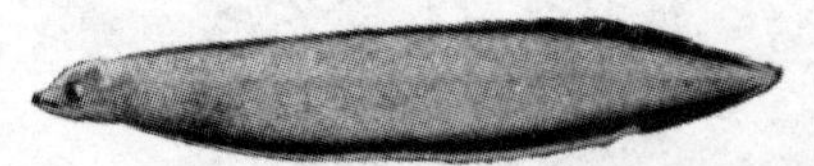

这时，你也许就知道这种鱼了。其实，它就是鳗鱼。小扁头在海洋中生活3年，第四年它就变成了小鳗鱼，不过身体还是透明的，像水晶一样。它们成群结队地游进涅瓦河。从故乡神秘的海域到涅瓦河，大约要经历2500千米的路程。

海 客

这段时间，从芬兰湾游来了密密麻麻的小鱼。这些小鱼就是胡瓜鱼，它们正游向涅瓦河，准备到那里产卵。渔民虽然累得精疲力竭，但是却很高兴，因为他们能捕捞到好多好多的鱼。

胡瓜鱼产完卵，就会回到大海里去。

空中活云

6月11日，涅瓦河畔，许多市民正在散步，天上没有一丝云彩，太阳炙烤着大地，房子和柏油马路被烤得滚烫。热浪包围着人们，人们连喘气都感到困难，只有小孩子在忙着玩耍。

突然，河对岸出现了一片灰色的云，所有的人都被吸引住了。人们停下了脚步，望着那片浮云。浮云很低，几乎要拂着水面了。大家一直望着那片浮云，直到它们从人群中穿过。这个时候人们才明白，原来它们不是浮云，而是一大群蜻蜓。【❀ **比喻**：将蜻蜓比喻成“浮云”，形象地刻画出成群的蜻蜓遮天蔽日的景象。】

不一会儿，周围的世界变得美妙起来。蜻蜓围绕在人们的周围，带来了一股清新的微风，给每个燥热的人注入了一丝清凉。

孩子们不再吵闹了，好奇地看着飞翔的光圈。太阳折射在蜻蜓翅膀上，像一件件五彩嫁衣，这让孩子们感到异常兴奋，脸上绽放出笑颜。

人们的脸上都变成五彩的了，闪闪烁烁的，像水晶一般。这片活云跳动着，嗖嗖作响，掠过河岸上空，升高了些，在人们的注目中，向远处飞走了。

这是一群新出生的蜻蜓，它们结伴而行，寻找新的住处，人们只看到它们美丽的身影，却不知道它们从哪里来，到哪里去。

其实这种成群结队的蜻蜓，在我们这里很常见。如果你发现了这样结队的蜻蜓，可以关注一下它们来自何地，去向何方。

黑水鸡

这段时间，每到夜里，黑水鸡“弗嘁——弗嘁——弗嘁——弗嘁”的叫声经常传到城市郊区的人们的耳中，【拟声词：准确地传达了黑水鸡声音的特征，还将夜的宁静表现了出来。】断断续续的。刚开始，这哨音从一条沟里传来。后来，哨音又转移到另外一条沟中。原来这是一群黑水鸡，它们最近经过这座城市。黑水鸡和秧鸡是近亲，它们都不喜欢飞，是徒步走过全欧洲，走到我们这里来的。

采蘑菇

一场温暖的春雨过后，城市外边的森林里长出了许多鲜蘑菇。这是采蘑菇最好的时候了。最先长出来的是平茸蕈、白桦蕈和食用菌，人们喜欢将它们总称为麦穗蕈。这是因为它们出世的时候正是黑麦抽穗的时候。当看到花园里的丁香花凋谢的时候，你应该知道春天过去了，再过些时候，你也就不会在城郊发现麦穗蕈了，它们到夏末就会消失了。

学　飞

这段时间，你经过公园、大街或者林荫路的时候，一定要经常抬头看看，小心有小乌鸦或小椋鸟从树上掉下来，砸到你的头上。如果真的有这样的事情

发生，请你千万不要生气，它们现在正在练习飞翔呢！

远道来的客人

这几年，猎人经常能在列宁格勒的叶菲莫夫区及邻近的几个区的森林里发现一种新的野兽。这种野兽跟狐狸差不多大，当地人并不认识。后来才知道，这种野兽叫乌苏里貉（hé）。【✿对比：将乌苏里貉和狐狸进行对比，突出了乌苏里貉的外形特征，给人留下鲜明的印象。】

你是不是感觉很奇怪呢？因为乌苏里貉并不是当地的物种，它们是从哪里来的呢？其实答案很简单，是人们用火车把它们请来的。开始的时候只有50只，但是10年过去了，这个家族不断地繁衍壮大，这样我们就能经常发现它们的踪影了。

乌苏里貉的皮很珍贵，整个冬天，猎人们都把它们当成抓捕的对象。它们本来是要冬眠的，但是我们这里比它们的故乡暖和得多，所以在我们这里它们不需要冬眠。

蝙蝠的超声波

一个夏天的晚上，一只蝙蝠飞进了一个打开的窗户。

“快赶走它！快赶走它！”女孩们惊慌失措地用围巾包住自己的头，大声地尖叫起来。有个秃头的老爷爷嘟囔着：“它是奔着窗户的亮光扑过来的，干吗往你们的头发里钻呢！”

很多年前，科学家还不能理解为什么蝙蝠能在漆黑的夜里自由飞翔，却不担心迷路。为了解开这个谜团，科学家进行了很多次试验。他们蒙住了蝙蝠的眼睛和鼻子，然后让它们在黑夜里飞行，蝙蝠照样自在地飞，还能灵活地躲过一切障碍，即使屋里密布着细线也不在话下。这次试验让科学家更加想知道蝙

蝠是怎么飞行的了。

直到超声波原理被发现后，人们才揭开了谜底。科学家发现，蝙蝠在飞行的时候，都会发出一种超声波，人们听不到，看不见。这种声波遇到障碍物就会返回来，蝙蝠的耳朵就能接收到这种信号，进而辨明障碍物的性质：墙、细线，甚至蚊虫。唯一遗憾的是，蝙蝠的超声波对头发不敏感，无法很好地感应到。

秃头老爷爷就无所谓了，可是女孩子们头发浓密，的确可能会被蝙蝠误以为是“窗子里的亮光”，它很可能会扑上去的。

欧　鼹

有些人认为，欧鼹（yǎn）是啮（niè）齿类动物，跟那些住在地下的老鼠一样，在地下打洞，以植物的根为食。这样的看法对欧鼹实在是侮辱，欧鼹根本就不是鼠类，更像是披了件天鹅绒般柔软的皮大衣的刺猬。【✿**比喻**：将欧鼹比喻成“披了件天鹅绒般柔软的皮大衣的刺猬”，形象地刻画了它的外形特征，让人印象深刻。】欧鼹其实是以昆虫为食的动物，喜欢吃金龟子和其他害虫的幼虫。因此，欧鼹对人类是有益的，是农民的好帮手。

不过欧鼹会在我们的菜地和花园中打洞，有时候会不小心撞到正在生长的蔬菜或者美丽的花朵上。这时，人们会恨得牙根都痒痒，又无法找到地洞里的欧鼹。我们教给大家一个绝招：在地上插一根长竹竿，装上一个小风车，风一吹，风车就会转，风车转动就会带动下面的长竹竿抖动，欧鼹洞里就会嗡嗡地响起来。这样，欧鼹就会逃走的。

风的计分簿

风就像空气，永远陪伴着我们。

夏天，炽热的中午，如果没有风的陪伴，我们就会热得透不过气来。平静无风的午后，烟囱里的青烟笔直地升上天空。这个时候，空气以每秒不到半米的速度流动着，我们就不会感受到它的存在了。我们给它打0分。

当有人从你身边走过，你是否感觉到一股轻微的软风刮过你的身旁？这时的风速是0.3米/秒～1.5米/秒（18米/分～90米/分，约1千米/小时～5千米/小时），这就是我们平时步行的速度。这时青烟会随风摆动，我们脸上会有凉凉的感觉，很惬意。我们给这种风打1分。

轻风的速度是1.6米/秒～3.3米/秒（96米/分～198米/分，约6千米/小时～12千米/小时），这个速度相当于我们跑步的速度。这样的风可以刮得树上的叶子沙沙作响。我们就给它计2分吧！

微风的速度是3.4米/秒～5.4米/秒（约12千米/小时～19千米/小时），这相当于马跑的速度。微风能使树枝摇摆，能够推着你放在水里的小纸船漂流前进。我们给这样的风打3分。

气象学里是这样描述和风的：能扬起路上的尘土，能激起大海里的波澜，能摇动树木的粗树枝。【**排比**：用“能……”的句式，将和风的风力大小清晰地展示给读者，使人印象深刻。】它的速度是5.5米/秒～7.9米/秒。我们给它打4分。

乌鸦的飞行速度是8.0米/秒～10.7米/秒（约29千米/小时～39千米/小时），和乌鸦的飞行速度相当的风可以让树梢变得喧嚣起来，能使森林中的小树干摇摆，能使大海里涌起波浪，还可以吹散小蚊子。这样的风我们给它打5分。

开始捣乱的强风能够让森林中的树木摇晃，经常吹走人们晾在绳子上的衣服，把人头上的帽子刮跑，或者让排球到处乱跑，搅扰人玩球的兴趣，这样的风我们就很不喜欢了。气象专家们给强风打6分，他们不像我们小学生用5分制而用12分制。

我们还将在《森林报》第八期刊载有关风的信息，敬请大家关注。

我的读后感

读《风的计分簿》给了我很大的启发：在我的记忆里，关于风的描写是一件很困难的事情，因为它看不见，摸不着。而在这期《森林报》中，对风的描写如此生动形象，主要原因是作者采用了多种表达方式，尤其是把风和生活中常见的现象作类比，将无形的风变得生动有形起来。

林中狩猎

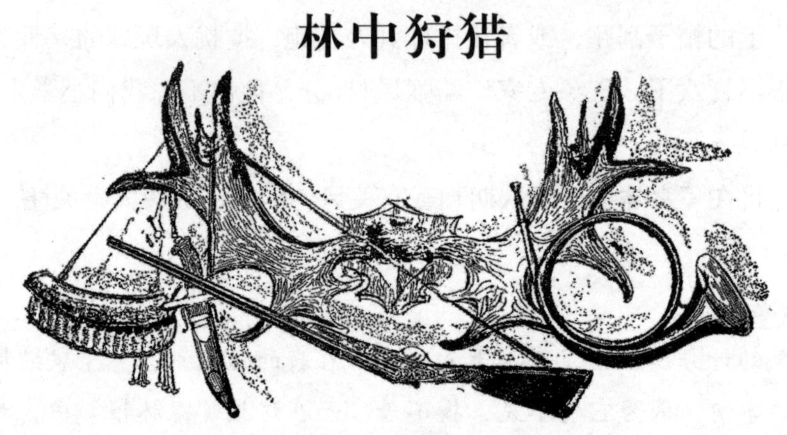

列宁格勒附近的春猎期早已过去，很难再捕获到动物了，但是苏联幅员辽阔，北方的河水刚刚开始泛滥，正是打猎的好时节。因此每年到了这个时候，许多猎人就会去北方打猎。

水面打猎

天上布满了乌云，今天的夜真的好黑呀！就如同秋天的夜晚。我和塞索伊奇划着小船，在林中的小河里荡漾着，小河的两岸高高陡陡的。塞索伊奇是位有着丰富经验的猎人，以善于打各种飞禽走兽闻名，可是不怎么喜欢钓鱼，甚至有点看不起钓鱼的人。因此，在他的心里，根本就不存在“钓鱼”或者“捕鱼”这样的字眼，抓鱼只能说是“猎鱼”。他就是这样的脾气，就说今天吧，我们来抓鱼，像渔网、鱼钩等捕鱼工具，他一样都没有带。他坐在船头，我在船尾掌舵，小船向前行驶着。

过了高高的河岸，我们来到了春水的泛滥区。这里，广阔的大地还淹没在水底，只有灌木丛的梢头露在水面上。经过一片黑黝黝的树影，我们来到一堵黑沉沉的“墙”边，那就是森林。

夏天，这里是一条小河和半大的湖泊，中间是一条狭窄的堤岸，岸上长满了灌木。一条狭长的水道连接着湖泊和小河。而现在不一样，四处都是泛滥的春水，我们的小船可以自由地航行在灌木丛间。

在小船的船头，我们安置了一块铁板，上面放着一些枯枝和引火的柴草。塞索伊奇擦着了一根火柴，把篝火点得旺旺的。我只管随意地划着桨，并不需要把桨露出水面。小船就这样静悄悄地向前走，眼前的风景是如此奇妙，我们好像到了一个幻境中。【❀ **比喻：**用“幻境”来比喻所处的环境，形象地写出了这里的风景优美。】

我们到了湖中央。此时，湖底好像隐藏着一个巨人，【✰ **夸张：**将湖水不知道有多深的特征夸张成“巨人”，语言十分生动。】身子覆盖着泥土，只有头顶裸露在外边，乱蓬蓬的长发在风中飘动着，不清楚这到底是水藻还是水草。

看，那里是一个黑乎乎的深潭，不知道到底有多深，也许并不算深，因为船头的篝火顶多能照两米远的地方。向着黑乎乎的深潭张望一下，心里还是有些胆怯，谁知道它里面会藏着些什么东西呢！

这时，一个水泡从黑咕隆咚的潭底蹿了上来，越来越快，越来越大，直奔我的眼睛射来，好像马上就要打到我的脸上，我下意识地把头一缩。它却变成了红色，刚一出水面就炸开了。噢！真是虚惊一场，原来就是一个普通的沼气泡罢了。

我们就像是乘坐飞艇在一个陌生的星球旅游一般。

小船经过了几个小岛，稠密的树木挺立在小岛上。前面出现了一棵树，淹没在水里，树根纵横交错。一开始，我还以为这是芦苇呢，黑乎乎的有点怪。树根弯曲成钩，又像是章鱼的触须，样子真的让人害怕。

塞索伊奇是个左撇子，他站在船头，手里举着鱼叉，我抬起头看着他。

他两眼炯炯有神，专注地盯着水里，像是一个长满络腮胡子的矮个子军人，手里握着长矛，雄赳赳气昂昂，威武极了，【**动作、神态描写：**形象地将塞索伊奇威武的特征和捕鱼时专注的神态刻画了出来。】随时准备着将手中的鱼叉投向脚下的猎物。

鱼叉的叉杆有两米多长，下面是五个闪闪放光的钢齿，钢齿上还带着倒刺。

篝火熊熊地燃烧着，映照着塞索伊奇的脸。他的脸在火光的照耀下显得红通通的。突然，他转向我，冲我使了一个眼色，我赶忙停止了划船。

只见他把鱼叉小心地浸入水里。我顺着叉的方向看去，只见一条长长的黑影停在水里。我原以为是一根棍子，仔细一看，原来是一条大鱼的脊背。塞索伊奇把鱼叉斜对着那道黑影，慢慢地向水下伸了过去。鱼似乎发现了危险，警惕地停住了，塞索伊奇也停了下来，人和鱼就僵持住了。突然，塞索伊奇猛地把鱼叉竖起，狠狠地插向了大鱼的脊背，然后又迅速地拖了上来。【**动词：**一连串的动词，将塞索伊奇捕鱼时干练的动作准确地刻画了出来。】叉头上，一条大鲤鱼扑腾着。我敢断定，那条鱼至少有两千克。

我们继续前进。走了没多远，又发现了一条不是很大的鲈鱼。它也感受到了渔船的到来，划了一个水花就钻到灌木丛中，一动不动地静止住了，仿佛在深思着什么。

这条鲈鱼估计离水面不是很深，我可以清楚地看到它身上的黑条纹。我兴奋地看看塞索伊奇，希望他赶快动手。可是他冲我摇摇头，意思是不要抓这条鱼。我心里琢磨着，可能是他认为这条鱼太小了，不想去伤害它。

就这样，我们划着船，绕着湖游荡着。在我们的眼前，浮现出一幕幕迷人的景象。如果不是优秀的猎人不时地叉起湖里的大鱼，我真的不愿意把视线从美景中移开。

时间慢慢地过去，我们的收获也越来越多。我们的小船里，又多了一条鲤

鱼、两条鲈鱼和两条细鳞的金色鲤鱼。现在，夜色慢慢地退去，黎明即将来临。我们的小船行进在被水淹了的田里，燃烧着的树枝和红通通的木炭掉到水里，水面上立刻发出了“嘶嘶”的响声；天空中不时地传来野鸭扇动翅膀的“嗖嗖”声。不远处一片黑漆漆的树林里，传来一只小猫头鹰温柔的叫声：“斯普留！斯普留！”那声音像在反复地叮嘱着什么人。灌木丛后面，“唧哩唧哩”的声音不断传来，那是小野鸭的叫声。【**拟声词**：写树林周围各种各样细小的声音，将夜里水面的寂静真实地表现了出来。】不过声音还算好听。

突然，一根木头挡在船头，为了避免撞坏小船，我赶忙把船拐向了旁边。可是塞索伊奇突然低声叫起来，带着些许怒气，但更多的是兴奋，“停——停——是——梭鱼”。他迅速地把鱼叉上端的绳子缠到手上，瞄准了前面的梭鱼，狠狠地插了过去。

中叉的梭鱼惊恐万状，带着鱼叉狂奔起来，力气大得吓人，竟然把我们拖着走了很远。幸好鱼叉插得很深，它无论如何也不能摆脱。

终于，塞索伊奇把它拖了上来。难怪那么大的力气，这条梭鱼竟然有7千克重。

塞索伊奇很是兴奋，说："这样吧，我来划船，你来开枪！千万不要乱开枪啊！那样会错过好机会的。"于是，他把烧剩的树枝扔到水里，我们交换了位置。

朦胧的晨雾伴随着凉爽的晨风散去，天空干净得没有一片云彩。美丽晴朗的清晨到来了。我们的小船沿着树林前行，林边的树木笼罩在一片翠绿的云雾中。远处，一些粗糙的黑云杉树干和光滑的白桦树干露出水面，眺望过去，那些树干好像吊在半空中。近处，两片树林浮动在我们的眼前，一边树梢向上，一边树梢朝下。湖水光亮如一面巨大的镜子，水面上不时涌起层层的波纹，那些细枝在水里的倒影因波纹的到来被摇得支离破碎。【**景物描写：**细致的景物描写，形象地展现了湖面上优美的风景，流露出主人公捕鱼时快乐的心情。】

这时，塞索伊奇低声提醒："准备好……"

就这样，我们沿着一片银光闪闪的"林中空地"向前划着，一直到了白桦林边，那里正有一群琴鸡栖息在光秃秃的枝条上。我很奇怪，这样大的鸟站在细细的树枝上，树枝竟然能承载起来。

雄琴鸡身体很结实，脑袋很小，但是尾巴长长的：在明亮的空中可以清楚地看到，尾巴像拖着两根辫子。雌琴鸡羽毛呈淡黄色，相对于雄琴鸡，它们显得小巧而朴实。

水面映出了乌黑的和淡黄色的大鸟的影子，它们脑袋朝下，并没有意识到危险的来临，仍旧在水面上晃荡着。塞索伊奇悄悄地划动着船桨，沿着林边前行，慢慢地靠近了它们，我趁机举起了手里的枪。那些大鸟发现了我们，愣愣地看着我们，似乎在琢磨："那是什么东西，能在水面漂浮，是不是会威胁到我们的生命？"

鸟就是鸟，大脑不灵活，有一只琴鸡距离我们最近，只有50多步远。它的

小脑袋转来转去，好像心里很乱的样子，也许它正在考虑：“要是危险来了，我要向哪里飞呢？”它的两只脚交替地换着，缩上踏下。身体压弯了细枝，为了保持平稳，它不时地拍打几回翅膀。不过发现同伴没有什么异常，它也就放心了。我抓住机会放了一枪，枪声在水面上扩散开去，一直传到了岸边的森林，轰隆隆地变成了一阵回声。

黑琴鸡“扑通”一声掉到水里，溅起了一阵浪花，在阳光下五颜六色的，煞是好看。

一大群琴鸡，扑扇着翅膀，飞离了白桦树。我赶紧放了第二枪，可是一无所获。

“收获不小哇！”塞索伊奇向我道贺。真的是这样，大早上我们就打到这只羽毛美丽的鸟，也应该满足了。

我们把湿淋淋的琴鸡从水里捞了起来，它已经断气了。然后，我们就划着船，慢慢地向家的方向划去。

太阳爬上了东边的树林，成群的野鸭在水面飞过，勾嘴鹬叫声尖厉，河两岸的琴鸡叫声最大最响，各种声音交织在一起，连续不断地钻进耳朵里来。

云雀飞到了空中，愉快地唱起歌来。虽然一夜没有睡觉，但我们还是没有感觉到累。

来自我们的森林记者

诱　饵

最近，熊经常到附近的农庄闹事。我们这个农庄里的一头小牛就被咬死了，另外一个农庄里的一匹小马也被咬死了。大家都很气愤，开会商讨这个问题。

在会上，人们争论得很激烈，最后塞索伊奇的话让大家都感觉到很有道理：“我们不能坐等熊来闹事，我们应该想办法制服它。加甫利奇的小牛不是被咬死了吗，那就交给我处理好了，我用它当诱饵。一旦熊再次来我们农庄，它一定会走近诱饵，那样我就可以打死它了。”

塞索伊奇是我们这里最优秀的猎人。加甫利奇把死去的小牛交给了塞索伊奇，并对他说：“放心地干吧！干掉了它，我们也就放心了。”

塞索伊奇把小牛装上了大车，运到森林里，扔到一块空地上，还把小牛翻了个身让它朝东躺着。放好小牛，塞索伊奇就用没有剥皮的白桦树枝做了一道低矮的栅栏。离栅栏大约20步远的地方，他又在两棵并排的树上搭建了一个平台，距离地面两米多高。猎人就守候在那里，等候猎物的到来。

但是塞索伊奇并没有睡在那平台上，每次都是回家过夜。只是早上他才抽空去看看，在那里卷根烟抽。

这样过了一个星期，农庄里的人们开始取笑塞索伊奇：“嘿，塞索伊奇，你家的炕头肯定很舒服吧，在那里做抓熊的梦一定很甜蜜吧？怎么着，不想在森林里守候吧？”

可是塞索伊奇很是不屑，回答说：“贼不来，守着有什么用呢？”

“可是那小牛都发臭了！”

“发臭了才好呢！”塞索伊奇依然不慌不忙地回答。【✿ **神态描写：**表现出塞索伊奇对自己的行为非常有信心。】

当天夜里，塞索伊奇依旧若无其事地待在家里，其他人也不知道该怎么办。

塞索伊奇自然知道自己在做什么，他知道熊已经嗅到了小牛腐臭的味道。他的眼睛不是一般人能比得上的，他从栅栏周围的脚印中就知道熊已经在周围转了不是一两天了，但是它并没有动小牛，因为它现在还不饿，它要等到自己肚子空空的时候再来饱餐一顿。

诱饵已经在森林里躺了一个多星期了，臭味越来越浓。塞索伊奇照样在家里睡觉。这天，他发现栅栏周围有很多脚印，由此判断熊已经爬过栅栏，从小牛身上扯走了一块肉。于是，当天晚上，塞索伊奇扛着枪进了森林，躲到平台上。

夜幕降临，森林中慢慢平静下来。鸟儿们大多回到巢穴休息，但不是所有的鸟都睡着了。猫头鹰张着毛茸茸的翅膀，悄悄地在林中穿行。它现在很饿，正在寻找草丛里窸窸窣窣作响的野鼠。刺猬在林中穿行，忙着寻找青蛙。兔子这个时候也饿了，咔嚓咔嚓地啃白杨树的苦树皮。獾在草丛里寻找着它所熟悉的细植物根。【场面描写：通过对森林里各种动物的日常行为进行描述，为即将到来的一声枪响打破动物们的正常作息做铺垫。】熊来了，它悄悄地向小牛尸体走去。塞索伊奇正在打瞌睡，往常这个时候，他在家已经睡得很香甜了，这会儿眼皮不由自主地上下打架。

突然，咔嚓咔嚓声传来，塞索伊奇猛地醒来了。他打了个寒战，心里想："哪里来的声音，难道我听错了？"虽然天上没有月亮，但是北方的初夏之夜，周围的一切还是能看清楚的。塞索伊奇向周围望去，发现了不远处的白桦树栅栏旁趴着一只黑乎乎的家伙，正在那里咔嚓咔嚓地撕咬肉呢！

塞索伊奇心里一乐，心想："看来我招待的客人还是很满意的，我再给你点特殊的东西——让你尝尝我的铅丸子。"他端起枪，瞄准了熊的左肩胛骨，"轰"的一声，震醒了整个森林。兔子吓得撒腿就逃走了，獾嗷嗷地叫起来，刺猬忙缩成了一团，身上的刺直直地矗立着，野鼠一溜烟就不见了，猫头鹰悄悄地消失到云杉树的黑影里去了。

过了一刻钟，周围又恢复了平静，野兽们悄悄地探出了头，看看没有危险，就重新投入到了各自的活动中。塞索伊奇爬下台子，走到栅栏旁，抽了根烟，背起枪，回家了。他还准备赶在天亮前好好地睡一觉呢！

天亮了，农庄的人们都起来了，塞索伊奇对几个高大的小伙子说："走，去森林里拉熊去！"

写一写，练一练

1. 注音。

黑黝黝（　　）　　窸窸窣窣（　　）（　　）

2. 造句。

承载——____

张望——____

打靶场

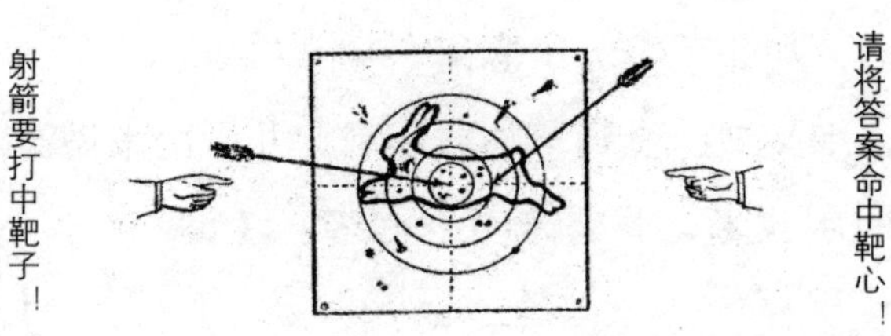

第三期竞答题

1. 哪种甲虫出生的月份就是它们的名字？
2. 蚱蜢通过什么方式来演奏？
3. 沙锥用什么发出“咩咩”的叫声？
4. 火红的麻鸦为什么会被人们称为公水牛？
5. 蜘蛛有几只脚呢？
6. 甲虫的翅膀有几对？
7. 哪种鸟从南方来到我们这里，几乎全程是走来的呢？
8. 椋鸟孵出小鸟后，窝里的蛋壳哪里去了？
9. 有一种动物的耳朵生在腿上，这种动物是什么？
10. 和瘦猫叫声差不多的鸟是什么？
11. 青蛙和癞蛤蟆的卵的不同之处是什么？
12. 秧鸡的身体有多大呢？
13. 什么鸟的叫声听起来像狗吠？
14. 鸣禽家族中，哪种鸟最后飞回我们这里？

15. 丁香花是春天开放，还是夏天开放？

16. 树林底下闹腾腾，树林中间谁打铁，树林上面烛火通明。（谜语）

17. 走路的倚仗它，赶车的要用它，有病的还需要它。（谜语）

18. 白似雪，黑像铁，和绿叶有一比，转起来像中了邪，它要上起树，就像我们登台阶。（谜语）

19. 有网一面，却非手织。（谜语）

20. 长又长，细又细，飞到草丛藏起来，儿子出来做游戏。（谜语）

21. 我不来时求我来，我要来时躲起来。（谜语）

22. 如小牛，没有角，脑门宽，细眼角，不能碰，不能摸，到了家畜群里不得了。（谜语）

23. 虽是刚出生的小娃娃，胡子却是一大把。（谜语）

24. 三个朋友好，形影离不了，一个跑，一个躺，一个摇不停。（谜语）

公　告

芭蕾海报

森林中有一场很好看的芭蕾舞表演!

你如果想去欣赏，首先就要记住地点：在一个偏僻的树林里，有一个小湖泊，那儿长满了青草和芦苇。还要注意保持安静：你需要提前在这个湖岸的附近搭建一个小棚子，躲到里面。

黎明时分，天空中还蒙着灰色的面纱，水草还在梦乡里。这时候，我们的演员就登场了。它们长着细细的红嘴巴，一身白色的演出服，漂亮的大领子，一直长到颊上。太阳开始露出了头，洒下万道金光，仿佛给它们披上了五彩的霞衣。其实，这就是䴙䴘鸟。舞蹈马上就要开始了，你一定会欣赏到一场华美的演出。

看！它们肩并肩出场了。突然，它们一个大转身，面对面互相鞠躬，摆出一个优雅的舞蹈造型。随后，它们不约而同地伸长脖子，扬起脑袋，微微地张开嘴，好像轻轻哼着乐曲。猛地，它们两个一起嘴巴向下，扎进了水里，动作优美、轻灵，甚

至没有溅起一丝水花。一会儿，它们又先后钻了出来，挺起长长的脖子，把从水底衔出的一缕水草，互相传递给对方，好像交换着情人的信物……

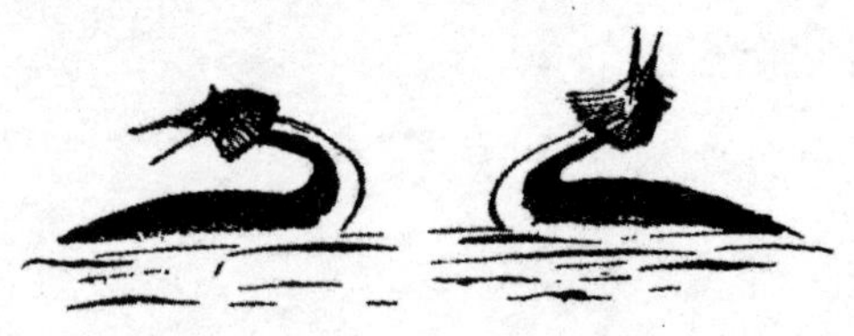

看着看着，观众沉浸在美妙的舞蹈中，忘记了先前的忠告，禁不住鼓起掌来。两位没有思想准备的演员，害羞地钻进了草丛，消失在无边的芦苇荡里。

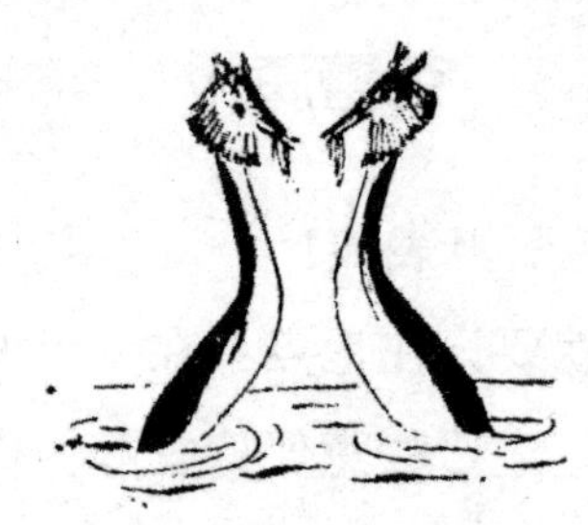

"锐眼"称号竞赛二

如何辨别这些动物?

一只野鸭和一只矶凫游在水面上，我们如何辨别呢?

图1

下面图中的两只兔子，如果是在冬天，我们谁也不会把它们认错，因为一只是灰色的，一只是白色的。可是到了夏天，它们都变成了灰色的，我们该如何辨别呢?

图2 图3

下面有三只小动物，它们分别叫什么名字，该如何辨别呢?

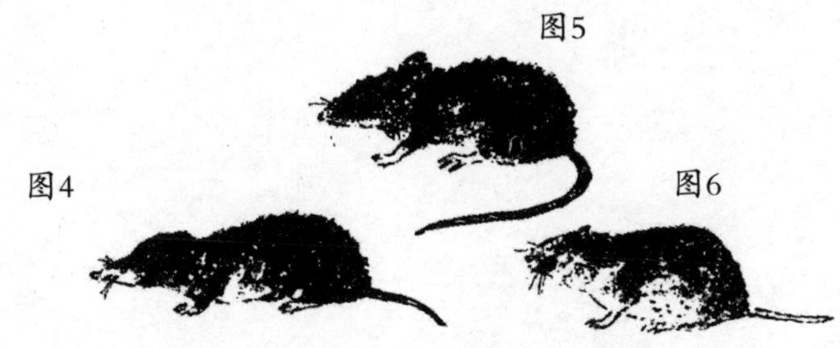

图5

图4 图6

下面图中，有三种蛇和一种蜥蜴，请你说出哪种是蜥蜴。三种蛇中，有一种没有毒，请你指出来。

图7　图8　图9　图10

打靶场答案

“锐眼”称号竞赛答案及解析

打靶场答案

第一期竞答题

1. 3月21日。

2. 脏雪融化得快，因为它的颜色比较深。深颜色更容易吸收太阳光，这就和夏天穿黑衣服比穿白衣服感觉要热一个道理。

3. 因为软毛兽在春天换毛，它们蜕掉的那层又厚又密的绒毛价值不高。还因为它们一般是在春季养育宝宝的。

4. 昆虫出现得早，蝙蝠要等它们捕食的昆虫出现后才出现。

5. 款冬、獐耳细辛和雪花莲。

6. 白山鹑。它的羽毛冬天为白色，夏天会长出斑纹。

7. 在雪融化前，它变成灰色的时候，或者在地面比白兔先变了颜色的时候。

8. 睁着眼睛的。

9. 图中左边的树是在旷野中长大的，图中右边的树是在密林中长大的。在密而黑的森林里，树木很难得到阳光，因此，它们生长的时候，会很快向着上面有阳光的地方伸展，所以下面很少有杂枝。而在旷野中生长的树木，很容易得到阳光的照射，所以会任意生长，因而下面会有许多小树枝。

10. 小鼩鼱。它不算尾巴，只有3.5厘米长。

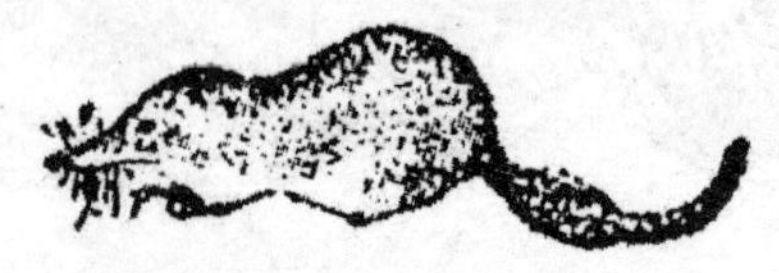

11．鹪鹩（jiāo liáo）和戴菊鸟。它们的个头差不多大，比蜻蜓还小些。

12．凡是以谷类和浆果做食物的鸟，嘴巴就又粗又硬，以便于把核啄破（如图2）；凡是吃昆虫的鸟，嘴巴就又细又软（如图1）；凡是猛禽，嘴巴就像钩子，便于把肉撕碎（如图3）。

13．交喙鸟。

14．这是一棵在冬天被兔子啃过的树，冬天地上的积雪有1米来厚，兔子不能从下面啃到树皮。

15．3月21日，春分；9月21日，秋分。

16．冰柱。

17．春天来自太阳的温暖。

18．雪。雪融化后变成小溪，溪水流动时会发出潺潺的水声。

19．“黑马”是河，“车辕子”是岸。

20．大地。冬天，大地换上雪装；春天，大地穿上鲜花衣裳。

21．雪。

22．今天。

23．鹿。

第二期竞答题

1．龙虾。

2．羊肚菌和编笠蕈。

3．拖拉机耕地时，会翻出许多甲虫、甲虫的幼虫及蚯蚓，这些都是秃鼻乌鸦喜欢的食物。

4．乌鸦巢又平又浅；喜鹊巢带着盖，形状是圆圆的。

5．不编织蜘蛛网的蜘蛛。

6．家燕。

7．在丛林里、果园里和树洞里。

8．啄食牛或马毛下面的牛皮蝇、虻的幼虫及苍蝇的卵。

9．候鸟是我们的家鸭和家鹅的祖先。春天，野鸭和野鹅飞过的时候，家鸭和家鹅就感到烦躁，因为它们的体内遗传着飞翔的因子。

10．春天河水泛滥的时候，常常会淹没掉那些在地上做巢的鸟的蛋和幼鸟。

11．所有的鱼都不可以打。4月末，梭鱼游到水面升上来的水湾里，寻找浅水区产卵。有时，它们的脊背会露在水面上。猎人要是在这个时候猎杀梭鱼，他们的行为是犯法的。

12．最怕冷的是爬虫类。因为它们是冷血动物，寒冷时出门会被冻死。而鸟类只要吃饱了，基本上是不怕冷的。

13．舌尖前部。

14．生活在野外的鸟，翅膀都是狭长而尖锐的。生活在树林和丛林里的鸟，翅膀较短，因为过长的翅膀会绊住树枝和树干，因此在森林里生活的鸟，翅膀都是宽短扁圆的。

15．家燕。

16．蜂房、蜜蜂。

17．甲虫。

18．叮人的蚊子。

19．雨水、大地、青草。

20．鱼。

21．土地妈妈。

22．铃兰的花蕾和花。

23．云。

24．牛的四条腿、两只犄角、一根尾巴。

第三期竞答题

1. 金龟子。有五月金龟子和六月金龟子。

2. 蚱蜢的爪子上有小刺，翅膀上有锯齿。它用爪子去抓翅膀上的锯齿的时候，会发出“嚓嚓”的声音。

3. 用尾巴。

4. 雄麻鸦发出公水牛叫的声音。

5. 八只。

6. 甲虫有两对翅膀。外面一对翅膀非常坚硬、厚实，它的作用主要是保护它下面那对飞行用的软翅膀。

7. 秧鸡、黑水鸡。

8. 小鸟出世后，椋鸟会用嘴从巢穴里叼出破蛋壳，扔到离巢很远的地方。

9. 蚱蜢。它的听觉器官不是长在头上，而是长在一对前脚的小腿上。

10. 黄莺。

11. 青蛙的卵，像橡胶冻似的，一大团、一大团自由地在水里漂浮。而癞蛤蟆的卵不一样，是附着在一条胶质的带子上，这条带子又附着在水草上。

12. 比椋鸟大一点，比鸽子小一点，体长约29厘米。

13. 雄白山鹑，它在春天的交配期发出的声音像狗吠声一样。

14．是那些羽毛的色彩很鲜艳的鸟。只有当树木长满了翠绿的嫩叶，能给它们提供安全保障时，它们才飞回到我们这里来。

15．春天。丁香花凋谢的时候，也就预示着夏天马上开始了。

16．蚂蚁在蚂蚁窝里的生活非常忙碌；啄木鸟啄树像是铁匠打铁；夜里，星星在树林的上空闪耀，像点燃的蜡烛一样。

17．白桦树。走路的人砍下它的树枝做拐杖；赶车的人可以用它做鞭子柄；乡村里的人生病了，可以给病人喝白桦树液。

18．喜鹊。

19．蜘蛛网。

20．雨。雨水落在草丛里，汇成小溪流出。

21．雨。

22．狼。

23．山羊。

24．河、岸、岸边的灌木丛。

“锐眼”称号竞赛答案及解析

“锐眼”称号竞赛一

图1　是苍鹭。把它和鹤区别开很容易，因为它在飞翔时弯着脖子，翅膀也弓得厉害。

图2　是天鹅。它在飞的时候，伸直它那有伸缩性的长脖子，因此，看上去好像它的翅膀在后面似的。它的短腿缩在身体下面，所以看不见脚。

图3　是雁。它在飞的时候像天鹅；可是它的脖子短得多，它的全身比较小，而且身上的羽毛是灰色的。

图4　是鹤。它在飞的时候，把脖子和长腿伸得像棍子似的。

“锐眼”称号竞赛二

图1　左边的是野鸭。它停留在水上的时候，把身体的后部离开水面抬起来。它在寻找食物吃的时候，只把身体的前部钻到水里去，像家养的鸭子一样。右边的是矶凫。它停在水里的时候，身体后部浸在水里。潜水的时候整个身子都钻进水里。

图2　是雪兔。它的耳朵比较短，如果向前弯，碰不到鼻尖。脚爪比较宽。尾巴是圆圆的，尾巴尖有个黑色的斑点。

图3　是灰兔。夏天很容易把它和雪兔辨别开，因为它的身子比较大，身上的毛略带褐色或淡黄色。耳朵很长，如果向前弯，可以越过鼻尖。尾巴比雪兔的长，身上有个长形的黑斑点。

图4　是鼦（diāo）鼱。它是我们的好朋友，能为人类铲除害虫。

图5　是家鼠。非常有害的啮齿类动物。

图6　是野鼠。也是有害的啮齿类动物。

这三种鼠类小兽，根据以下特征很容易把它们区别开：鼦鼱的嘴伸得长

长的，像个长鼻子，身体是弓起的，眼睛藏在毛里面，几乎看不见；家鼠和野鼠的脸没有长鼻子；家鼠的尾巴长，野鼠的尾巴短。

图7 是没有毒的黄颔蛇。安静而非常有益的黄颔蛇，头两侧有黄点子。

图8 是有毒的灰蝰蛇。毒性非常大而有害的蝰蛇的灰色背上，可以看得到“犯罪的烙印”——锯齿形的黑条纹。

图9 是非常有益的没有脚的蜥蜴——蛇蜥。

图10 是黑蝰蛇。可不要把黑蝰蛇和黄颔蛇弄混了：黑蝰蛇的头上是没有黄点的。

蛇蜥跟黄颔蛇一样，可以拿在手里，因为它们都没有毒牙，所以不会对你怎么样——如果你只抓住它的尾巴，它会像蜥蜴那样，把它的尾巴留在你手里。可是如果你抓住的是蝰蛇的尾巴，它就会猛然一回头，用毒牙咬住你。人被它咬了之后，就会中毒，甚至会丢掉性命。因此，应该好好地学会把蝰蛇（蝰蛇有各种颜色的——从浅灰色到乌黑色全有）跟黄颔蛇与蛇蜥区别开。

蛇不会像蜜蜂或黄蜂那样蜇人——因为人们错误地以为它们那尖尖的分叉的小舌头是蜇人的武器。其实毒蛇是用毒牙来咬人的。

读 《森林报·春》有感

今天，我读了一本书，它就是作家比安基的代表作之一《森林报·春》。

你认为它是一份报纸？那你错了。它不是报纸，而是一本书。《森林报·春》描述了森林中许多有趣的事情，比如：可爱的兔宝宝是怎样成长的？鸟儿们唱歌时又是什么样的？

在《森林报·春》中，有一篇文章让我久久不能忘怀——《乡村报道》。其中有一段话写了农村小孩子的天真情趣："这个时候，即使是小孩子也不能闲着。田野里、菜园里、果园里到处都能看到他们忙忙碌碌的身影。他们已经是大人的好帮手了，帮着大人们栽种，除草，修剪果树枝。他们还用白桦树枝编白桦帚，要编好一年的用量，还要拔嫩荨麻。嫩荨麻是做菜汤用的，那可是一道美味。孩子们还会捕鱼……"一个个生动的画面深深地印在了我的脑海中。我不禁想到有一次我去农村，和表弟、表叔到小河边打水漂。打水漂可真有意思，表叔拿起扁扁的石头往河里一抛，石头好像被施了魔法一样，在水面跳了几下后才落入水中。而我们抛扁石头的方法不对，那石头怎么也跳不起来，要多次练习，掌握技巧后，抛出去的石头才能跳起来。

还有，农村的苦刺可以摘来当蔬菜，在大人们的指导之下，我和表弟才懂得摘苦刺要挑苦刺最嫩的芽叶，因为那个部位最好吃！

农村有我的乐园，我喜欢它。

《森林报·春》是一幅浮现在我面前的画卷，生动而翔实，我一读起来就入了迷，对它爱不释手。

考试真题回放

❶名著阅读。

当广袤的原野还覆盖在厚厚的积雪下的时候，兔妈妈就已经早早地产下可爱的兔宝宝了。

兔宝宝一降生，就迫不及待地睁开了眼睛，好奇地打量起周围的世界。胖嘟嘟的兔宝宝可爱极了，穿着毛茸茸的小皮袄，又暖和又漂亮。它们都很健壮，刚生下来就会跑，饿了才会回到妈妈身边，吃饱了就会躲到灌木丛里或者茅草堆下舒舒服服地躺着，安安静静地做妈妈的乖宝宝。可是兔妈妈却不知道跑到哪里去了。

第一天过去了，兔宝宝没有见到妈妈的影子，它们并不着急，仍然乖乖地躺着。第二天也是如此。其实兔妈妈自己忙着在雪地里蹦跳，早把家里的孩子们抛到九霄云外去了。幸好宝宝们都很乖巧，继续耐心地等着妈妈来给它们喂奶，从不到处乱跑。也多亏了它们没有到处乱跑，外面其实还是有很多危险的：天空中经常盘旋着觅食的老鹰；田野里还有狡猾的狐狸。如果被它们看见，兔宝宝们肯定会被抓去当晚餐。

——《雪地里的兔宝宝》

（1）根据选段内容，你认为这段选文出自________，作者是苏联儿童科普作家_______。

（2）小兔子虽然一生下来就会跑，但它们从来不乱跑，这是因为（　　）

A. 没力气　　　　B. 外面太危险

C. 等妈妈回家　　　　D. 找不到回家的路

（3）根据选文及原著，你认为小兔子在冰雪覆盖的原野中，为什么不会挨冻呢？

____

❷阅读下面的文字，回答后面各题。

花朵中最娇弱的就是花粉了。花粉一旦被雨淋湿，那就会完全被毁掉。雨水、露水对它都有害。可是，大自然是奇妙的，花粉有自己天然的保护罩来保护自己。

铃兰、覆盆子、越橘的小花，都像小铃铛一样倒挂着，这样，它们的花粉就有了撑开的保护伞。金梅草的花是朝天开的，但是它的每一片花瓣，都像勺子一样向里弯曲着，花瓣的边缘层层地叠加着，这样就形成了一个天然的小球。雨点落在上面，却不能穿过滚圆的小球，淋湿里面的花粉。

凤仙花总是有点羞涩，现在还含苞待放呢！它的花蕾都羞涩地藏在叶子的下面，真够聪明的！花梗舒适地躺在叶柄上，这样花就正好躲在叶子的底下，就像躲在屋檐下一样。

野蔷薇的雄蕊很多，雨来了，它就紧紧地关闭花瓣大门，把雄蕊保护在自己的怀中。而毛茛花是向下垂着的，所以它才不关心是不是下雨呢！

（1）这是选自苏联儿童科普作家比安基的经典著作《森林报》，这部作品以月份组织全文，分为春、夏、秋、冬四个部分，根据文章内容，本则故事应该出自《森林报·_____》。

（2）请根据文章内容，为本则故事拟写一个题目：________________。

（3）本文除了运用拟人的修辞手法，还运用了哪种修辞手法呢？请举例简要说明。

____

____

❸名著阅读。

我遇到了一种甲虫，却不知道它叫什么名字，更不知道该喂它什么东西。

它的样子和瓢虫很相似，只是瓢虫的外套是红色的，点缀着黑点，这个家伙却是通体漆黑。圆圆的身体，比豌豆大一点，这么小的家伙却有6只脚，还会飞。它的背上有两个黑色的硬翅膀，下面藏着一对黄色的软翅膀。

它的样子很可爱，一旦遇到危险，先是把爪子往肚皮底下一藏，再把头和触须一缩。这时你要是把它放到手里，你怎么也不会认为它是甲虫，而是感觉

它更像一粒黑色的水果糖。等过一会儿，它发现没有人碰它，就会把脚、头和触须伸出来。

它是什么甲虫？我恳切地希望您回答我。

——《这种甲虫叫什么》

（1）本则故事选自苏联作家比安基的《森林报·春》，这部作品自问世就受到广大读者的热烈欢迎，被称为________。

（2）根据原文，这种不知名字的甲虫叫____________；它的食物是__________。

（3）文中说这种甲虫的样子和瓢虫很相似，那么在你熟悉的瓢虫中，有哪种瓢虫是庄稼的好朋友呢？

____

阅读达标训练

❶ 下列作品中，哪个不是比安基的作品？（　　）

A.《森林报》　　B.《无所不知的兔子》

C.《大山猫历险记》　　D.《汤姆·索亚历险记》

❷ 哪种雪融化得比较快？（　　）

A.洁白的雪　　B.脏兮兮的雪

❸ 蝙蝠是哺乳动物还是卵生动物？（　　）

A.哺乳动物　　B.卵生动物

❹ 兔宝宝刚生下来就会跑，这句话对吗？（　　）

A.正确　　B.错误

❺ 在春天里，最早出现的可以食用的蕈是什么？

____

❻ 春汛时，哪种鱼禁止捕杀？为什么？

____

❼ 哪种甲虫出生的月份就是它们的名字？

____

❽ 阅读下面文字，完成后面的习题。

现在已是暮春时节，最后一批在南方过冬的鸟终于飞回来了。正如我们知道的那样，它们个个衣着光鲜，美丽耀眼。

现在，草场正百花齐放、万紫千红，乔木和灌木也是枝繁叶茂。鸟儿们不用担心猛禽的袭击了，它们可以轻而易举地避开敌人。

在彼得宫里的小河上，__a__从埃及回来了。它身着翠绿、棕色、浅蓝的三色礼服，变得精神而漂亮。

黑翅膀的金黄色的__b__刚从南美洲归来，在丛林里快活地叫着，声音仿佛是悠扬的笛声，又像一只瘦猫在叫。

潮湿的灌木丛中，蓝胸脯的小川驹和羽毛斑斓的野鹟在觅食。沼泽地上，金黄色的黄鹡鸰在喝水。

粉红胸脯的__c__，带着软蓬蓬羽毛领子的五彩流苏鹬，还有绿色和蓝色相间的佛法僧鸟，也都飞回来了。

——《最后返乡的鸟》

（1）在森林历中，“暮春”是指春天的第______月，这个月是从________月到______月。

（2）文中说从南方过冬的鸟终于回来了，它们“个个衣着光鲜，美丽耀眼”，这里运用了哪种修辞手法？请根据文章内容分析，你认为这些鸟为什么会这样呢？

____

____

（3）请在文中画线处添上恰当的鸟的名字。

a:__________ b:__________ c:__________

❾ 阅读下面文字，回答问题。

一个夏天的晚上，一只蝙蝠飞进了一个打开的窗户。

“快赶走它！快赶走它！”女孩们惊慌失措地用围巾包住自己的头，大声地尖叫起来。有个秃头的老爷爷嘟囔着：“它是奔着窗户的亮光扑过来的，干吗往你们的头发里钻呢！”

很多年前，科学家还不能理解为什么蝙蝠能在漆黑的夜里自由飞翔，却不担心迷路。为了解开这个谜团，科学家进行了很多次试验。他们蒙住了蝙蝠的眼睛和鼻子，然后让它们在黑夜里飞行，蝙蝠照样自在地飞，还能灵活地躲过一切障碍，即使屋里密布着细线也不在话下。这次试验让科学家更加想知道蝙蝠是怎么飞行的了。

直到超声波原理被发现后，人们才揭开了谜底。科学家发现，蝙蝠在飞行的时候，都会发出一种超声波，人们听不到，看不见。这种声波遇到障碍物就会返回来，蝙蝠的耳朵就能接收到这种信号，进而辨明障碍物的性质：墙、细线，甚至蚊虫。唯一遗憾的是，蝙蝠的超声波对头发不敏感，无法很好地感应到。

——《蝙蝠的超声波》

（1）蝙蝠有翅膀，会飞，那么它到底是不是鸟呢？为什么？

____

（2）“蝙蝠能在夜里自由飞行，却不担心迷路，这说明它的眼睛非常明亮，能在夜里看清楚路。”这句话对吗？为什么？

____

一年12个月的欢乐诗篇——3月

1. 阳光下，奶奶轻轻地抚摸着眯着眼睛的小猫。

   失败后，我们更要努力奋斗、积聚力量，为下一次的成功做准备。

2. sàn gòu

乡村报道

1. 快快乐乐　　喜洋洋
2. sì nà

候鸟归家潮

1. 柳暗花明　　亮晶晶
2. 绿色的草坪上点缀着美丽的花。

   每年冬天大雁都要飞到遥远的南方去过冬。

农庄里的新闻

1. 长长　　黑乎乎
2. zhuó wù

森林中的战争（续篇）

1. 恍然大悟　　豁然开朗
2. 干干净净　　红通通

林中狩猎

1. yǒu xī sū

2．书籍承载着传承文化的历史重任。

那个人站在广场边上，到处张望着，好像在等候某个人。

考试真题回放

❶（1）《森林报·春》；比安基

（2）C

（3）兔宝宝一出生，身上就有厚厚的绒毛，而且会主动找茅草堆来保暖。

❷（1）春

（2）天然的保护伞

（3）比喻；如："铃兰、覆盆子、越橘的小花，都像小铃铛一样倒挂着。"把小花比作倒挂的"小铃铛"，形象、直观地让读者了解这些小花的形状。

❸（1）"大自然颂诗"

（2）阎甲；粪便和腐烂的植物

（3）七星瓢虫

阅读达标训练

❶ D　❷ B　❸ A　❹ A

❺ 羊肚蕈和编笠蕈。

❻ 哪种鱼都不可以在春汛时捕杀。因为这是鱼产卵的时候，捕杀是犯法的。

❼ 金龟虫，有五月金龟虫和六月金龟虫。

❽（1）3　5　6

（2）拟人；因为这时草场正百花齐放、万紫千红，乔木和灌木也是枝繁叶茂。

（3）翠鸟　黄莺　伯劳

❾（1）蝙蝠不是鸟。因为它是哺乳动物。

（2）不对。蝙蝠之所以能在夜里自由飞行，因为它能发出一种超声波，帮助它辨别障碍物。